数学受験術指南

一生を通じて役に立つ勉強法

森　毅

中央公論新社

はじめに

大学というところには、受験にかかわることを、さげすむ風潮がある。そのくせ、当の受験体制の加害者なのだから、世話はない。直接に入試にタッチしたことがなくても、そんなことは免罪符にならない。

もっともぼくは、採点側の経験ばかりで、このところは受験側の経験はない。かつては受験名人であったし、若いころに受験生の家庭教師をいくつもしたときは、合格率百パーセントを誇ったが、それは昔のことであって、当節の受験に向くかどうか、わからない。

むしろ、このごろのガンバリズム受験体制には、強い違和感を持っている。ガンバリの向く受験生もあるかもしれないが、もっとウマイコト入試をくぐりぬける方法だって、あってよさそうなものである。

志望大学によって、また受験生の個性によって、さまざまの受験術があるだろう。

それでも、この本のような受験術が有効な受験生もずいぶんいるのじゃなかろうか。もっとも、そうした受験生は、かつてのぼくがそうだったように、自分なりの独特の受験術をあみだしているかもしれないが。

こんなやり方の向かない受験生もありうる。しかしそれでも、別の方法もありうる、ということを知るだけでも、ずいぶんとためになる、とぼくは信じている。

だいたいに、受験勉強というものを、個性を殺して、みんな一律に同じ方法でやらねばならぬ、と考えるから、受験の悪は増幅されるのだと思う。それでは、ガンバリ競争しか残らないではないか。

むしろ、自分を見いだし、自分にあった方法で、どちらかといえば、個性で勝負するのが、よき受験勉強だと思う。そのほうが、あとでも役にたつし、受験体制の悪もずいぶんと緩和される。

「受験体制の悪」の告発のたぐいは、いっさい禁欲した。そんなことを当の受験生に言ってもはじまらないし、だいいちオレは加害者側なのだ。

最後のミニ人生論めいたのは、『毎日中学生新聞』に書いたコラムから選んだ。各章のあとにコーヒー・ブレークとも思ったが、文部省のお仕着せの「ゆとりの時間」

じみてシラケル、と思ってやめた。学校をエスケープして、サテンのオヤジの人生論を聞きに行く、といった気分で利用してほしい。

佐保利流家元　一刀斎

目次

はじめに……3

1 受験は精神より技術で……13

受験にヤマトダマシイはいらない　技術こそ現実的　一に要領、二に度胸　受験における心理的なもの　勉強を時間ではかるな　精神安定剤としての勉強　居直りのすすめ　リラックスしていこう　不確実な合格　小さなことを気にするな　問題は難しくても気にするな　完全主義のウラをかく　個性で勝負　自分に眼を向ける　技術とはキミ自身の技術　受験技術は人生修業

2 入試採点の内幕……35

テキを知れ　採点についての迷信　出題に「傾向」はあるか　受験勉強が役にたたぬ「よい問題」　幻の良問　採点しにくい

問題　採点基準は答案からきまる　問題の主眼とは？　計算違いの質　運のよい計算違い　累進課税方式　アラサガシの逆　下書きも状況証拠　未完成答案の部分点　採点場はディスコのよう　最後は採点者の採点　採点者のココロ

3　技術としての受験数学……57

受験数学は最後の一年で　受験校で受験数学をやってるか　答案添削訓練を　計算違いの発見法　計算は違ってよい、直せばよい　自分の答案を客観視する　自己をコントロールせよ　ストップ・ウォッチの利用法　そんなに急がなくてよい　問題集の「難易」にこだわるな　問題を多くこなす必要はない　正解を急ぐな　解答の骨格を把握する　部分点のとり方　問題集はヒントが重要　技術はダメ人間のために

4　受験数学以前……79

結局は数学の基礎が大切だけれど　目先きのことは気にするな　時間のことは気にするな　公式をおぼえるな　自分流の勉強法で　ムダが大事だ　授業がわからんでもメゲルな　たまには

背のびを　もう一つの数学　友人を利用せよ　わからんかったら他人に教えてみよ　文章でやればもっとよい　数学となかよく　わからなさを頭のなかで飼っておく　腕力のつけ方　空白をつぶすな

5　ぼくの受験時代……101

今は昔の物語　昔から塾はあった　なんでも受験体制になる　運と度胸で　昔の進学校　数学と英語と国語と　あまりすすめられない勉強法　一点豪華主義　受験名人　旧制高校受験　また口頭試問で　戦時下のムチャクチャ授業　ああ戦後　昔の大学と大学院　焼跡の街で　受験ファシズムをこえて

6　数学答案の書き方……123

答案は採点者への手紙　文章にせよ　答案はメモではない　句読点を打ってみよ　∴や∵は心して使え　書かなくてよいこと、書くべきこと　新しい記号は説明せよ　読みやすい答案とは　答案の刈りこみ方　正しいことで減点されることもある　非常識な逸脱はよくない　なるべく決まり文句を使うな　受験

技術としての答案作製法　数作文の時間　数学の文章を書く癖
「受験数学」という数学

7　大学の数学へ……145

受験数学から大学数学へ　大学数学の癖　問題はなんのために数学を感じる　自分は自分流　わからんでヤリクリ　ナマクラな大学教師　ムダな努力は認めない　山賊派が有利　強制と放任　受験数学の陰画　だれでも一度は挫折する　ジックリも悪くない　重要さの弁別　受験道の奥儀　受験数学のなかの数学

8　数学という学問……167

数学とはなにか　きらわれものの数学　問題にはアソビ心を数学は閉じない　多様化する数学像　人間くさい数学　数学は論理か　易しいからわからん　計算も証明も　ニブイこと自慢　数学の才能とは　ツミアゲ信仰　中年になってからの数学　若者の学問　王道は自分の道　数学をきらわないで

ティー・ラウンジ……189

ありのままの個性的
他人のめいわく
やさしさの時代
ケシカランとオセッカイ
暴力に正義はいらない
自分を大事に
ムダの効用
自分にとっての秘密
雑木山に生きること

解説　野矢茂樹……217

数学受験術指南——一生を通じて役に立つ勉強法

1

受験は精神より技術で

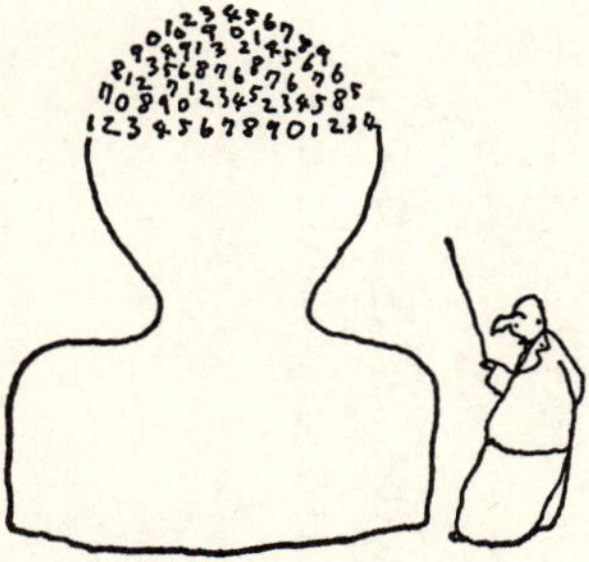

●受験にヤマトダマシイはいらない

この本を読めば、だれでもが、希望の大学に入れる、なんて甘言を弄する気はない。入学に定員がある以上、だれかが通ればだれかが落ちる。これは数学的現実（?!）である、とは大袈裟かな。

しかし、通らなかったときに、それはキミたちの努力が足りなかったからだ、などと御託を並べることだけはするまい。むしろ、努力というものの効果を期待しないからこそ、こんな本を書いておるのだ。

もちろん、受験術というからには、入学試験に通るための本である。しかし、技術というのは、ヤマトダマシイのたぐいとは正反対のものだ。よく、「受験とは、一に努力、二に根性、三四がなくて、五に体力」などと言って、受験生を叱咤激励する、鬼軍曹みたいな教師がいるものだが、ここで目ざすのは、彼らのウラをかくことだ。

それは、できるだけ努力しないで、できるだけ気楽に、受験をやってのける法だ。そうしても、いや、どんな方法でも、入試には通る人間がいれば落ちる人間がある。

それでも、通るときは、なるべく気持ちよく通り、かりに落っこっても、ソンにならないようにすること、そのほうがいいじゃないか。

それは可能である、とぼくは信じている。いや、全部ではなくても、それが可能な受験生が相当にいる、と確信している。

●技術こそ現実的

受験技術というのは、努力の集積ではない。ただただ、時間と労働をつぎこむことではない。

英語でいえば、単語をおぼえることではない。受験場で、問題に知らない単語のあったときに、それをどうゴマカスかということなのだ。

数学でいえば、問題の解き方をおぼえることではない。受験場で、解き方のわからない問題に出あったときに、どう対処するかということなのだ。

元来、受験生は、少しゼイタクすぎる願望を持っている。問題を見たとき、それがすでに知っている単語からなる文章で、それがすでに解き方を知っている問題であること、それは、少なくとも数学については、幻想と思ったほうがよい。まだ解いたことのない、そして、解き方のわからない問題にとりくむこと、それが入試というものだ。

この意味では、受験場のほうが日常現実に近い。ぼくなどが外国語の本を読むとなると、もちろん単語はわからんし、辞書は手元にないか、あっても引くのがメンドーで、たいていはヤマカンで読む。数学に関しては、解き方のわかってる問題なんて、最初から、やる気もおこらん。

してみると、努力や根性などより、技術のほうこそ、現実的かつ理性的やないか。

●一に要領、二に度胸

そこでぼくは、受験とはなにより

一に要領、二に度胸、

三四がなくて、五に運次第、

と考えている。

ここで、技術とは、なにより要領である。努力や根性ではない。もちろん、せっかく技術というからには、なにがしかは、それを習得しなければならない。そこで、この本の全体としては、数学の受験のコツの習得、というのがテーマである。

しかし、度胸のほうも、ばかにならない。これだって、ある程度は訓練できるかもしれないが、基本的には心の持ち方、肚のすえ方に関係している。

当然のことだが、受験場では、平常と違った心理状態になる。それはプラスにも、マイナスにも働きうる。

なかには、「火事場のバカ力」で、平常よりも実力が発揮できる、なんてことを言う人もなくはない。受験場の緊張感をうまく利用できると、そんなこともあるかもしれないが、普通なら、ふだんの力が発揮できないほうが多かろう。

それでたいてい、模擬試験なども含めて、「受験ズレ」をするのだが、これも逆に「悪ズレ」になりすぎて、緊張感をなくし、せっかくの「バカ力」を発揮する機会を失うこともある。その意味で、心理的なものの制御というのは、そう簡単ではない。

●受験における心理的なもの

ともかくも、心理的なものの影響があるのは、現実である。それだから受験はよくない、という考えもあるが、どうせ人間、人生のなかでは同じようなことがあるものだ。

それで、こうしたものは数量化できないが、実力80の人が60パーセントの力を出すと48点、実力70の人が80パーセントの力を出せば56点、といった感じになっている。

この場合に、だから実力があっても不安、と考えるか、あるいは、だから実力がなくともなんとかなるさ、と考えるか、それ自体が心理的な勝敗につながる。

受験生の多い有名受験校の損得も、同じようなものである。そんな学校だと、あんなダメな奴でもあの大学へ受かるのか、というのを見聞する機会がある。それなら、オレでも通ってもエエヤンカ、これが有利に作用した場合の有名校の長所である。

これは逆にも作用しうる。だれでもが通ると思っていた優等生が落ちた、というのを見聞する機会もある。カレがダメなぐらいだから、オレにはトテモ、と落ちこむこともありうる。

心理的なものは、つねに諸刃の剣になる。だいたいには、そこでつねにオプティミスティックに、よい側の結果だけを考えるようにしたほうが、受験にはトクだ。ただし、なかには、ペシミズムをテコにする人もあるらしいから、さまざまだ。

●勉強を時間ではかるな

結局、人間本来の心はさまざまだから、ヘンに心の持ち方を変えようとしたって、どうにもならない。ゆったりしなければ、などと焦って、そのためにアセリのほうに行ったりしては、バカみたい。

むしろ、自分の心は自分の心としておいて、その自分の心に居直るよりない。その上で、心理的効果を考えるよりない。

まず、受験勉強を時間ではかるな。映画だって二本立てではくたびれる。何時間も机に向かったって、どうということない。それは、「勤務時間」を消化しているようなものだ。

入試本番との関係なら、むしろ、短時間に集中する訓練をしたほうがよい。たとえば日曜日、もしくは夏休みなどに、一日のうちの二時間ほどだけに、そのときこそモーレツに集中する、そのかわり、他の時間をボケーと過ごす、そうしたコントラストをつける訓練、なんてのも悪くない。いわば、急発進・猛スピード・急停止、なんていうと暴走族みたいだが、勉強暴走族というのは、ある程度は訓練できるものだ。

毎日、規則的に机に向かう、モーレツ・サラリーマン型勉強が、受験といった鉄火場向きとは、どうも思えないのだ。むしろ、グーッとのめりこんだり、ときにボケーとしたり、そうしたリズムをものにするほうが、有利なものだ。

●精神安定剤としての勉強

そうかといって、日々の勉強とか、テストの成績とかを、無視することもあるまい。それは、精神安定剤の効用がある。毎日、ある程度、机に向かうと、なにかやったつもりになれる。それは大事なことだ。

しかし、もしも逆に、机に向かうことが強迫観念となって、精神の安定を乱しているようなら、キッパリと、しばらく机から遠ざかってみることを、むしろぼくは奨める。

テストの成績なども、似たようなもので、受験本番でないテストで、いくらよい成績をとったって、たとえ一番になったところで、入試にはなんの役にもたたない。ただし、テストでよい成績がとれたとか、クラスでトップになったとか、そのときのちょっとイイ気持ちが、受験にとって、とてもプラスになる。

そのかわり、せっかくとったいい成績を落とすまいとか、トップの座を他人に奪われまいとか、それが不安になるようでは、その効果はマイナスに転ずる。

むしろ、一度だけ、イイ気持ちになればよいのだ。トップの座なんて、他人にゆずってやればよい。ちょっとイイ気持ちを味わうだけで十分である。

心理的なものが大事だというのは、心理的効果にだけ、なんでも一時的に利用してやることで、それ以外のコダワリは捨てたほうがよい。ぼくのすすめるのは、リラックス受験術である。

●居直りのすすめ

結局は、ズーズーしい奴がトクをする、と言っているみたいだ。これが、ある程度は事実であることまで、否定はしない。世間とは、そういうもんだ。しかし、ズーズーしさにもいろいろある。考えようによっては、人それぞれに、ズーズーしくなれる、と言えなくもない。

イイジケには、イジケなりのズーズーしさがある。ドジには、ドジなりのズーズーしさがある。

人はそれぞれの個性があるもので、自分のガラにないことをムリしたって、ダメなものだ。むしろ、自分に本来の、自分らしい自分、ありのままの自分に居直ったほうが、ズーズーしくもなれる。

　ぼくの若いころの友人で、病気になったのに「イライラしないか」と言ったら、「イライラするけれど、イライラするのが当然だと思えばイライラしない」と、禅坊主みたいな名言を吐いたのがいたが、受験なんて、そんなもんだと思う。

ズーズーしさとは、自分に居直れることだと思う。結局、自分の心とは、自分が持って生まれたようにしかならない。そのかぎりで、気楽にやってのける。

あまり他人の言うことなんて聞く必要はない。なんて、これを書いてるぼく、キミにとってのまぎれもない他人、これ矛盾だよね。

●リラックスしていこう

元来、受験生にとっての最大の矛盾は、猛烈ガンバリの緊張と、そうした緊張の持続から来る精神のストレスである。せっかくのガンバリが、緊張から来るストレスで帳消しになりかねない。それでは、よほどタフでなくては、受験がやれない。ぼくは、もっと繊細な心の持ち主、弱いやさしい心の持ち主に、この本を書いている。タフな奴は、鬼軍曹のところへ行きたまえ。

ぼくが奨めるのは、もっとリラックスして、精神を安定させるほうだ。そのほうが、受験場で気楽になれて、いい点がとれる。少なくとも、いい点がとれるツモリになったほうが、悪いことを考えるより、いい点がとれる。

そして、無理に燃えたりするより、クールに要領を身につけたほうが、受験にはトクだ。大学入試は、高校野球ではないのだ。

たしかに、受験本番には燃えたほうがよい。しかし、そのために、歯をくいしばって、毎日、血のにじむ努力、なんてムダなことだ。べつに、「毎日の練習」に汗を流す必要すらない。勉強はジョギングではないのだから。

実際、人によっては、毎日二時間やるよりも、一日おきに四時間やるほうが、有利な人間だってあるものだ。それぞれのやり方で、自分にあった方式をつかめばよい。

受験勉強にとって、「ネバナラヌ」はなにもないのだ。大学に通りさえすればよい。

●不確実な合格

そんなことを言っていては、受験に通らないかもしれない、といった不安はあるだろう。しかし、どんなにできる人間だって、どんなに受験勉強したって、落ちるときには落ちるものだ。絶対通ると、完全に不安をなくすことは、だれにもできない。

そこで、「絶対」を求めることは、もともとできない。それに、受験に運不運はつきものである。調子のよしあしもあるし、問題と自分との相性だってある。

だいいち、採点の仕方で、どうなるかは、わかったものではない。1000点ぐらいの合計点のうち、10点ぐらいは、完全に誤差に属する。それどころか、数学が200点だとすると、120点の答案が115点の答案よりも絶対によい、といった保証はない。

しかし、10点ぐらいの間には、当落線上の受験生がひしめいているのである。なにかのはずみで、合格と落第は逆転する可能性がある。

それは、困ったことかもしれないが、「学力」といったものが、そんなに正確にはかれないものである以上、不確実なのは仕方ない。そして、人生には、不確実なことのほうが多いものであって、受験だってそうしたものだ。

だから困る、とも言えるが、他の受験生だって困っているのだから、そこを有利に利用すればよいのである。

●小さなことを気にするな

こうした不確実な状況に対処するコツは、小さなことにコセコセしないことだ。よく採点者仲間で論ぜられることだが、受験参考書にある細かい注意を全部守ることが、本当に有利なのだろうか。

たしかに、そうした神経を使わないで、小さな減点をされるかもしれないが、そうした2点や3点の減点は覚悟して、おおまかによい答案を書くことを目ざしたほうが、ひょっとすると、全体としてよい点がとれるかもしれない。

誤差に属するほどのことに、細かい神経を使うなんて、どうもムダなような気が、ぼくにはする。もっと、おおまかに考えて、全体としてよくすることを考えたほうが、少なくとも数学などでは、トクではないだろうか。

たぶん、これは、人生における不確実な状況への対処の仕方だと思う。細かいところで、ムダに神経を使ったところで、全体としては誤差にくりこまれて、消えてしまいかねない。そして、受験というのは、こうした不確実な状況の一種である。

それだからこそ、要領や度胸がものをいう、とも言える。また、いくつかの大学を受けるときに、かりに落ちても、絶対に学力のせいにするな。運が悪かったと思い、今は落ちてもボツボツ運が向いて来るぞ、と思ったほうが、次の大学へ受かりやすくなる。

●問題は難しくても気にするな

こうした場合は、完全主義は求めないことだ。難しい問題は、だれにも難しい。問題が難しければ、シメタ、これは他の奴にできないぞ、と思うことだ。ついでに言えば、問題が易しかったときには、シメタ、これはオレにできるぞ、と思えばよい。

文学部の数学の問題は、易しいのがよいか、難しいのがよいか、という議論がある。難しくしたほうが文学部向きという説だってある。

問題が易しくて、数学200点として、合格ラインが150ぐらいにもなると、数学が得意でも、あと僅かしか稼げないし、ダメで0点だったら絶望的になる。しかし、問題が難しくて、合格ライン50ぐらいだと、150もとると100点も差がつくし、0点でも他科目でなんとかなる。

文学部なんて、数学はたいしているまいから、0点でもなんとかなったってよい。一方では、文学部のクセに数学バツグンなんて、ケッタイな奴だが、文学部あたりはケッタイな人間を集めたほうがオモロイから、入りやすくしてやれ。これが、文学部の数学は難しく、という論者の説である。

どうせ定員をとるのだから、問題は易しくても難しくても、だれかが通り、だれかが落ちる。しかし、平均的には、易しい問題だと「普通の」優等生が通り、難しい問題だとバツグンとズッコケがトクする。それだけのことだ。

●完全主義のウラをかく

こうしたことも、運のうちではある。実際に、「去年は数学が易しかったから落第して、今年は難しかったので、やっと通りました」と言う文学部の学生がいて、そいつは数学が得意なのかと思ったら、なんと数学が大の苦手という男だった。

だいたいは、試験というものは、易しければよい、というものでもない。大学へ入ってからでも、易しい問題のほうが学生をよく落とす教師に多い。実際に、教師サイドの心理としては、問題が難しいと甘くなりがちで、問題が易しいと、「こんなこともできないのでは」と、良心の痛み（?）少なく、学生を落とせるものだ。

入試は競争試験だから、少し違う。こちらの場合については、問題が易しくても難しくても、合格者のタイプが少し変わる程度のものだ。

科目数の少ないのを喜ぶのも、妙な話だと思う。普通は、科目数が少ないほうが完成を要求されがちだし、科目数の多いほうが、エエカゲンのオーザッパが通用しやすい。

どっちみち、同じことではあるのだが、完全主義の迷信を逆手にとりたければ、科目数の多い、問題の難しい大学という手もある。

これは、個性のあることだから、どっちとも言えないが、完全主義にこだわっていてはつまらないことだけは、たしかである。

●個性で勝負

あたりまえのことだが、入試のような競争試験では、「人並み」では通らない。他人と違うから、通るのである。

この場合に、きまった方法を考えすぎると思う。他人と同じ方法で、他人と違うようになる方法はなにか。それでは、他人よりガンバルことしか残らない。それは、格別にタフな奴のやる方法である。

もうひとつの方法は、他人と違うやり方をすることだ。ガンバリよりは、新手で行くのだ。

しかし、これには、これまた当然のことだが、きまったやり方はない。もしも、そんなものがあったら、みんなそれを真似して、同じことになってしまう。

それで、自分だけの、自分にあった、やり方を見つけていくのが最上である。とくに、現在では、これは大変有利である。なぜなら、いまのところ、きまったやり方でガンバリ競争をやっているのが大勢だから、まだまだ個性的な方法に、開発の余地がある。

しかし、これには、自分を知り、自分の個性を見いだしていくことが問題になる。それは易しくはない。しかしながら、受験があろうとあるまいと、十八歳ぐらいの年齢というのは、本来ならば、自分を知り、自分を見つけていく時期と言える。その本来のことをやることで、受験に強くなれば、一石二鳥ではないか。

●自分に眼を向ける

もっと具体的なことでも、自分を知っていると、ぐっと受験に強くなる。

数学の試験などだと、半分から三分の二ぐらいの問題を解くのが普通だ。この場合は、実質的には選択と変わらない。そこで、この問題は自分に適した問題だと、問題と自分との相性を知っていると、選択の眼ができる。

また、計算違いはよくあることだ。そのときにも、計算違いの癖がある。こんな計算ではよく間違うから気をつけようとか、ヘンな答はまたあのへんで違ったかなとか、そうした神経が使えるようになると、大変に有利になる。

こうしたことには、受験技術として、いくらか訓練したほうが有利だが、その基礎になるのは、自分に眼を向ける習慣である。

いったいに、受験体制というものは、とかく自分に眼を向けることを妨げるものと思われている。たしかに、外からの刺激が多すぎて、自分よりも外に眼を向けさせることが多い。

それにもかかわらず、いや、みんなが外に眼を向けているからこそ、自分に眼を向ける習慣を持っていると、すごく有利になる。

そうして、自分を観察する癖を持っていると、自分の個性もはっきりしてきて、自分流のやり方が自然に生まれてくる。

他人を気にするぐらいなら、自分を気にしろ。

●技術とはキミ自身の技術

これから、いろいろと、数学の受験技術を書いていくつもりだが、本当のことを言うと、この本に書いてないやり方、キミだけのやり方を、見つけてほしい。

そのために、いろいろと考えるヒントは出すが、それがすべて、万人向きとは思わない。むしろ、ぼく自身が、今日ただいま受験生なら、こうするだろうという、架空の「ぼくの受験術」である。したがって、それは徹頭徹尾、私的な方法である。そして、キミには、「キミの受験術」があってよい。

ただし、〈技術〉というものには、どうしても普遍性があるものだ。むしろ、徹頭徹尾私的であることによって、普遍性が得られる、とぼくは考えている。

その点で、公的にエスタブリッシュされた、平均的な受験法なんて、ありゃ、きまった道で、根性でガンバッてるだけで、普遍性の名に値しないと思う。

精神主義というのは、技術の反対物であって、技術こそ個性的であり、そして、個性的であることによって、普遍的になれるものだと思う。

そこで、キミ自身の技術は、他のだれのものでもない。そして、受験技術ですら、キミ自身のものを持つことは、将来の役にもたつはずである。

●受験技術は人生修業

受験に通るという、極めて限定された目的と関連してしか、論じないようにするが、じつはそのほうが、一生を通じて役にたつ、とさえぼくは思っている。

数学の美しさを知るとか、論理の正確さを知るとか、そうした抽象的なお題目は、本当のところ、受験にも人生にも、役にたたないものだ。

ぼくだって、受験生時代に英単語をおぼえたものだが、おぼえているのはアバンダンだけ、とても役にたったと思えない。いま考えると、バカなことをしたような気がする。

しかし、知らない単語があって訳をデッチアゲル訓練は、ずいぶんと役にたっている。予習などしなかったものだから、当てられてからゴマカスのに苦労したものだが、それも役にたっている。予習なんてのは、英語の教師に叱られないようになんて、ツマラン目的ぐらいのもので、それよりは、テキの目をゴマカスことのほうが、スリルもあったし、役にたっているように思う。

ぼくは、その点ちょっと楽天的で、ガンバったりしないでゴマカス法というのは、案外に、一生を通じて役にたつものだ、と考えている。

受験技術だって、人生修業なのだ。

2

入試採点の内幕

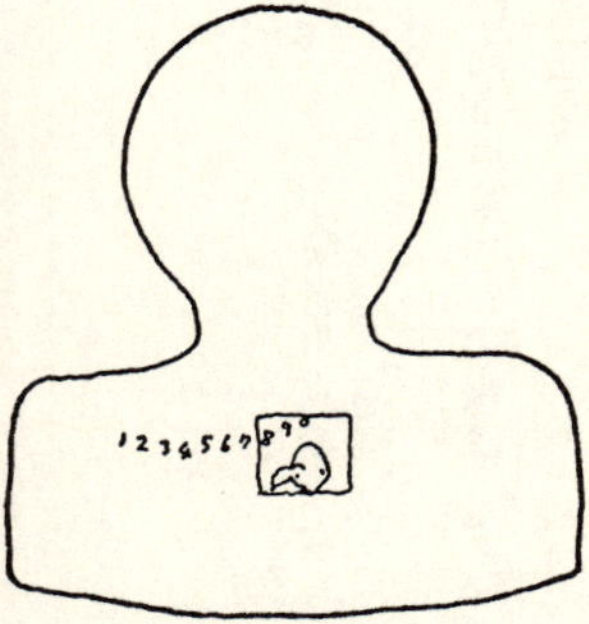

●テキを知れ

試験のひとつのコツは、採点者の気持ちになることだ。答案作製者の立場でなく、答案採点者の立場から、答案を見ることだ。

しかし、それは、なかなかわからない。よくある「傾向と対策」の情報は、ずいぶん不正確だし、高校教師と大学教師の採点感覚も相当に違う。

受験参考書の解説を見てさえ、ズレを感ずることがある。まして、実際の入試採点では、受験生の答案を見ていると、採点者とずいぶんズレている。大袈裟に言うと、書かんでもええことばかり書いてあって、書いてほしいことは書いてない、という感じさえする。

それで、なにより、テキを知ることが、必要である。

それは難しいにしても、せめて、受験答案についての、固定感覚を捨てたほうがよい。これも、本当のところは、きまった書き方なんてない。よくある「模範解答」のサルマネをしたって仕方がないのであって、それよりポイントをおさえることが大事だ。

答案についての、くわしい議論はあとにして、さしあたり、答案というものは、採点者がその解答の筋をたどりやすいように書く、というのが鉄則だろう。なにより、それは他人に読ますものだ。自分のために書く日記ではないのだ。

そして、それだからこそ、その採点者という他人が問題なのだ。

●採点についての迷信

実際の大学入試は、秘密のベールに包まれている。ぼくのように、大学にいて、そして自分の大学では毎年入試にタッチしていても、その自分の大学の入試についてさえ、よくわからんことがある。まして、他の大学のことなど、ようわからん。

そして、大学によって、いくらか入試の癖があるのはたしかである。ただし、それが「傾向と対策」にあるようなものかと言うと、どうも少し違うような気がする。

したがって、結局は、ある程度は手さぐりで行くよりない。それでも、世間で言われるようなものと、ずいぶんと違うことだけは、たしかなようだ。

たとえば、難しい問題を出すのは差をつけるため、なんて言われる。あれはウソである。易しい問題だって、やっぱり差はつく。ただ、差のつき方が違うだけである。差をつけるために、細かいアラをさがす、と思われている。あれもウソだ。そんなことをしなくとも、差はつく。細かいか粗いかで、差のつき方が違うだけだ。採点について、迷信がありすぎる。それで、これからは、その迷信からもっとも遠そうな場合を書く。ただし、これはすべて、実際にある話である。

もちろん、すべての大学がこのようではない。このようなこともある、というだけ。

●出題に「傾向」はあるか

「傾向と対策」のことだが、大きな大学になると、採点者が数十人をこえる。出題に関係するのは、十人ぐらいである。したがって、平均しては、出題がまわってくるのは、数年に一回でしかない。この点では、「出題傾向」というのは、大学の癖という程度で、出題者の癖にまでは及ばない。

出題の実際というのは、その十人ほどの出題者がそれぞれ数題持ちよって、それを議論して、しぼっていくので、実際に作られた問題の五分の一ぐらいだけが、入試本番に生き残る。

この、最終決定への道すじは、出題責任の二人かそこらの手によるが、こうした責任者というのも、平均すれば数年に一回ぐらいのものである。この点でも、「傾向」というほどに固定しているかどうか、あやしい。

「モルモット教授」を指定して、解かしてみることもある。たいていは、比較的有能そうなのがモルモットになり、それが十五分以上もモタモタしていると、問題を少し易しくする。

標準は、受験生が三十分以内に解けるように、というつもりである。もっとも、二時間半で六題だったりして、全部ができるなんて、期待されていない。それで、たまに六題も解く受験生がいると、採点者のほうがビックリする。

●受験勉強が役にたたぬ「よい問題」

やはり、良問を作ろうとはする。ただし、「良問」の基準が少し違う。「難問」が悪いのはたしかだが、それは、受験生の手のつけようがないからである。その点、だれでもが、きまったやり方で手をつける「易問」も、よい問題と考えられていない。

「奇問」と「凡問」についても、同様である。

つまり、「難問と易問」、「奇問と凡問」の両極は避けられがちである。

それで、理想的な良問と考えられているのは、問題が十分な知的関心を呼び、解決が相当の知的満足を与えるものである。これは理想のほうだが、現実的な良問とは、問題を見ただけでは、手がかりだけあって「解き方」はわからず、手がかりから解いていくうちに、やがて「解き方」が見えてくるようなものになる。

ここで問題なことは、受験勉強でおぼえた「解き方」が、できるだけ役にたたないような問題が、良問とされていることだ。受験生がはじめて見る問題、「解き方」がわからない未知の問題、それを用意しようとしていることだ。

それでいて難しくなく、手がかりがある問題、というのは、なかなか作りにくい。問題作製の苦労の焦点は、そのへんにある。

●幻の良問

そうは言っても、入試のおかれる現実があるので、あまり新しいこともできない。

毎年のように話題になる、「幻の良問」というのがある。それは、普通の問題に、解答まで全部書いておいて、「この解答を三行に要約せよ」という問題である。類題に、「三つの段落に分けよ」というのもある。コンピューター採点なら、各行に番号をふっておいて、「重要な行、三個所をあげよ」なんてのもある。

この問題にすると、学力がじつによくわかる。その解答の本質をちゃんと理解できているかどうか、よくわかる。

自分の解答でなくて、他人の解答をおしつける、という反論があるかもしれぬが、他人を理解できないで、自分なんかあったものでない。それに、大学へ入ってから、参考書などを読んで理解する能力というのは、決定的に重要になる。

それをなぜ出さないかというと、受験生も採点者も、そうした問題にどう対処するかの、過去の蓄積がなさすぎるからである。

だいたいに、新しいタイプの問題を出すと、受験生の対応に予想外のことが起こり、それに伴って、採点者の対応も大変になる。

そうかと言って、採点のラクな問題は、たいていアリフレタ問題でもあって、とても良問と言えない。出題者のつらいところだ。

●採点しにくい問題

説明を多く求める問題は、採点が大変だと思われかねないが、それはそうでもない。採点の仕方によるが、式を並べて解答になるような問題のほうが、そのなかで、解答者の考え方のスジをたどっていくのに大変なことが多い。

とくに、簡潔で要点をとらえた文章の入った答案だと、文章を書かせる問題のほうが、ずっと採点しやすい。

それよりも、採点しにくい問題は、解き方がいく通りもある問題である。そして、たいてい良問は、一通りの解き方ではなくて、解答が数種類はあるものだ。

これが、うっかりすると、十種類以上も違ったタイプの解き方が出てくる。ぼくの知ってる最悪の例は、出題のとき数種類の解き方を予想はしたのだが、実際の答案では、解き方が二十数種類あった。これには閉口したものだ。

このあたりのコントロールは、なかなかうまくいかないが、それにくらべると、説明文を読むぐらいは、どうということない。「誤った理由を言え」のたぐいは、けっして採点しにくいほどでない。

それよりは、普通の解答の問題で、解答者が誤った理由を考えて、その理由にふさわしい減点をするほうが、ずっと大変なことなのである。

●採点基準は答案からきまる

さて、問題について、採点基準をきめるのだが、ここで、答案以前には、採点基準はない。

よく、「出題意図」ということが、言われる。じつは、出題者の「出題意図」は、しばしば無視される。出題者は、「予断と偏見」を持っているから、発言権なしという説すらある。

実際に、出題者のほうは、解答を予想して問題を作っているので、最初に問題だけを見た受験生の受けとり方と、くいちがう可能性がある。そこで、問題と答案の双方を見て、この問題にこんな解答が適切か、ということから採点基準をきめるのである。

それで、採点第0日に、基準案委員が問題ごとにきまって、半日ぐらいかけて答案を数十枚見た上で、基準原案を作る。

30点の問題なら、ここまで10点というように、解答を三つぐらいに分節したり、典型的な欠陥を分類して、このような欠陥にはマイナス3点、というような案を作るのである。そして、採点第1日に、その問題の採点者が集まって、これも各自が数十枚の答案を見た上で、議論して基準を作る。

この議論が紛糾すると、翌日に持ちこしたり、いちばんひどかったときは三日目に及んだことがあるが、たいていはその日できまって、本採点が始まる。

●問題の主眼とは?

よく、答が違っていても、やり方があっていれば点はもらえるか、という。これは、一概には言えない。

計算して答を出すのに主眼がある問題だと、答が違うと、30点のうちで20点以上はないだろう。考えの展開が主眼で、ついでに計算の答を要求した問題だと、答が違っていても、27点なんてこともある。その一方で、そんな問題だと、答があっていても、考えの展開の欠陥をアチコチと咎められて、15点ぐらいになってしまうこともある。

ここで、この問題ではどこが主眼か、というのが議論の種になる。出題者が一方的に主張したのでは、それは認められない。

また、答案全体の構成がしっかりしている大局的によい答案と、細部の展開のしっかりしている局所的によい答案との優劣、なんてのも議論の種になる。スジがよいとか、発想がよいなんて答案にかぎって、細部にアラがあったりして、優劣を判断しがたいものである。

数学というのは、客観的に点数が出ると信じられているが、とてもそんなものではない。小説や詩が、よいか悪いかと判断を迫られているような気分である。

これは、採点の大枠にかかわるので、たいてい大議論になる。分節と配点についても、もめることが多い。

●計算違いの質

細かいことでも、いろいろとオカシイ経験を重ねてきた。

計算を主とした問題で、計算違いのタイプ、式のうつし違いとか、掛け算で項を忘れたとか、九九を間違ったとか、正負の記号を違えたとか、掛けるかわりに割ったとか、そういったのを分類して、減点にウェイトをつけたことがある。

すると、これは早いこと微罪で刑務所へ入ったらトク、という方式でないか、というクレームがつき、計算違いをするたびに何度でも引く、という方式になった。この場合、計算違いがあったら、規定の減点をした上で、採点者が白紙にその違った式を書き、残りの計算をやる。その上で答案を見て、違ったらまた減点、とやっていくのである。いちばんひどい答案では、九回減点されて、ほとんど0になったのがあった。そして、ぼくはあのときほど、たくさん計算をしたことがない。ヒドかったな、あのときは。

以来、こりて、それほどまでに凝ることはない。しかし、そうした精神は残っている。

結局、計算違いをしたら一律にダメ、というのではない。違ってしまった、という結果だけではなく、違い方の質が問われるのである。たとえば、最後の答のうつし違いなんかだと、ほとんど減点されないことがありうる。これも、運かもしれない。

●運のよい計算違い

同じタイプの計算違いでも、答の出方によって差の出る採点法もある。

たとえば、なんらかの理由で二次式になるはずで、答が$4a^2$とする。それを、ベキの計算を違って、$8a^2$もしくは$4a^3$になったとする。この場合に、$4a^3$のほうには、式の形からして、計算違いと判断できるチャンスがある。

同じような間違いでも、間違いとわかる運のよい場合と、わかりにくい運の悪い場合とがある。じつは、人間よくしたもので、たぶん運のいいことが多いものだが。

この場合に、運がよければ、間違いに気がつきやすいような計算違いをする。そして、運のよいときには、そのチャンスを利用するのが、よき人生の送り方というものだ。

そこで、$8a^2$にはマイナス3、$4a^3$にはマイナス5、という主張がある。せっかく運のよい計算違いをしたのに、そのチャンスを利用しなかったことを、重く咎める、というわけで、運のよかった受験生は、そのチャンスを利用しなかったばかりに、その運がマイナスに逆転するのである。

もっともこれには、それは罪を二重に科している、という反論がある。彼は、そのチャンスを利用して正解に達しえたのを、利用できずに減点されたのだから、それ以上に減点しては二重減点だ、というのである。

まあ、ここでも、採点基準の議論はつきない。

●累進課税方式

いろいろと、例を作らせる問題、なんてのもある。全部で六つ例を作らねばならないとき、30点満点で一つを5点にするか。そうともかぎらない。

ともかく一つ作ると8点、二つ目は7点、といったぐあいに、下に厚く、上に薄い累進課税方式がよい、といった主張もある。

もちろん、この逆もあって、四つ目ぐらいまでは楽だが、五つ目はかなりわかってないとダメ、六つ目は難しかったりして、四つで15点、五つで20点、六つで30点、なんて主張もある。

なかには、コントラクト・ブリッジの好きな採点者がいたりして、三つできたらゲーム・ボーナス、五つでリトル・スラム、六つでグランド・スラム、なんて複雑な採点法を持ち出すこともある。案外に、こんな感じになることもよくあって、答案を眺めてみると、均質ではなくて、断層があるらしいことに気づいたりする。

もっとも、この種のことはよくあって、問題の最後に難しいところがあって、たいていの受験生は手がついていないとする。どうせたいていできないのだから、その部分の配点は少なくしようという意見が出る。たまにできている奴もいるから、そいつがトクするように、配点を多くしようという意見が出る。
ここでも、議論はつきないわけだ。

●アラサガシの逆

こういうのは、細かい採点だが、それがもっぱらアラサガシかというと、そうでもない。本筋さえキチンとしていたら、細部のアラは減点を少なくしよう、という意見だってある。とかく、細部のアラのほうが、減点対象として見えやすくて、本筋のよさが打ち消されがちなので、むしろ本筋を重視しよう、というのである。

実行は難しいのだが、採点理念として、次のような主張もある。説明が不十分でも、もっとくわしく説明しろと要求されたら、説明できそうな答案は、その不十分さをなるべく咎めまい。計算違いをしても、その計算違いを指摘されたら、すぐに訂正して正しい計算のできそうな答案は、その計算違いをなるべく咎めまい。

じつは、こうは言っても、こうした仮定法入りの採点法は、ひどく実行しにくい。それでも、採点者の精神としては、たしかにそうした気分がある。

これは、むしろ、アラサガシの逆である。なるたけ本筋のところを見たいのである。

しかし、その本筋というのは、いちばん採点しにくいものだ。それで、採点基準の作製は、一見は文学論論争じみた、数学論論争の修羅場になる。とくに、出題者の権威とか、ボス教授の権威とか、いっさい認めないものだから、大騒ぎになる。

●下書きも状況証拠

たとえば、「aが0でない」ことに留意してなければマイナス3点、なんて基準になることがある。この場合に、答案にエクスプリシトに〔明示的に〕書いてなくとも、留意のあとが見られればよい、というただし書きのつく採点基準もある。

とくにこうした場合、下書きの計算からなにから、状況証拠になる。なかには、消しゴムで消したあとを、すかして見たりして、調べている採点者まである。

本来なら、答案として客観的に表現されたものだけが対象なのだが、その表現にいたる過程が、その受験生のわかり方の本質にかかわるものだから、下書きだのまでが生きてくるのである。いわば、作家論をやるのに、創作メモやデッサンのたぐいが、手がかりになるようなものだ。

もちろん、答案そのものがシッカリしていれば申しぶんはない。しかし、採点者の眼から見れば、大多数の答案は、答案と呼べる表現にはほど遠い。それで、下書きまで見なければ、なんのつもりかわからんことが多いのである。

できることなら、採点者は受験生の頭のなかをわってみたい。せめて、どういうつもりでこんなことしてるの、と質問したいことがよくある。それを紙の上だけですますのは、もちろん限界がある。それでも、その限界に挑戦しようという採点法もあるのだ。

●未完成答案の部分点

採点法によるが、未完成答案でも点になることが多い。たいていは、解答が三つぐらいに分節されて、一分節が10点ずつで、独立に採点されることが多い。もっとも、なかには、各分節の合計を25ぐらいにして、完成点5点をボーナス、という主張をする人もある。

つまりは、三分の一だけ解けば、三分の一だけ点がもらえる、という採点法が、けっこう多い。そんなら、なんでも少し書いておいたらトクか、というとそうでもない。意味のある、解答の主要な部分になってなければ、ダメである。ヤミクモに、公式だけ書いてみる受験生があるが、使いもしない公式を書いても、採点者の心証を悪くするだけ、ヘタすると減点につながる。

一番の採点者泣かせは、普通と違ったやり方での、未完成答案である。ウン、こんなやり方でも解けそうなもんだと、採点者が一時間ぐらいもかけて、受験生の方針で最後まで解いてやることもある。

これは、ずいぶん親切なようだが、じつはそうではなく、採点者の防衛策である。あとで、そのやり方で完成した答案が出てきたとき、まえの未完成答案に部分点をやらねばならない。だから、採点者のほうで、なんとしてでも完成させておかないと、ヤバイのである。

そういうのが大変なので、部分点はやめようという主張もあるが、採点者の手がたりているところは、部分点をつけるほうが多い。

●採点場はディスコのよう

こんな調子で本採点に入るのだが、これぐらいのやり方だと、一つの問題だけを採点することにして、採点のしやすい問題としにくい問題があるが、一日に二百枚程度が限度だろう。かなり時間がかかる。

たいていは、一つの学部の一つの問題は、特定の人間が採点するようにしているが、その問題にしても、つぎからつぎと、採点上の問題点が出てくる。

この段階になると、採点者個人の細部基準を作っていくわけで、それがときにザラ半紙三枚ぐらいにもなる。それだけでなく、同じ問題の採点者は、なるべく集まって、期間中ずっと、採点についての議論を続行する。

それで、採点場というのは、およそ厳粛の反対である。あちらこちらで議論が渦まき、さながらディスコのごとく、ワーンとしている。

とかく、本質的なことを追求しようとすればするほど、採点が主観的になりやすいのは、避けがたいことだ。そうした、採点者個人の主観を消すには、採点者相互で議論しあって、共通の場を作るよりない。

それでも、採点者の組み合わせや、とくにその学部の直接の採点者によって、採点の小さな幅のユラギは避けがたい。数学全部で200点ともなると、5点ぐらいは誤差に属する。120点の答案が115点の答案より優れている、という保証はない。

●最後は採点者の採点

最後には、また問題ごとに点検委員が作られて、採点ずみの答案へのクレームをつける。これも個人差があるが、普通なら五十枚に一つぐらいの割合で、採点者が点検でクレームをつけられる。いわば、採点者の採点である。

ここでも、大議論である。ここで7点は引きすぎだ。イヤ、これは減点に値するなんてことを、ときに一時間ほどもやってる連中もある。

なかには、五十すぎの老教授が、二十代の若手の助手に、ツルシアゲられていたりもする。こうした場合には、たいていは、点検のほうが採点より強いものだが、採点者のほうがうまくマルメコンで、上告棄却というケースもけっこう多い。

めったにないことだが、点検のときに、大きな問題点が見つかって、何人もかかって、再点検ということだって、なくはない。

しかし、それぐらいにしても、採点というものは、「絶対の自信がある」とまではいかないものだ。

ただ、受験生が思うよりは、手のこんだことをされていることがあるものだ。それだから、答案の書き方が大事だとも言えるし、少々は粗っぽくってもどこかを見てもらえる、とも言える。

こういうのも、大学によって違うだろう。しかし、ともかく、採点に「絶対」はない。

●採点者のココロ

こうした答案の処理については、大学ごとに伝統やら癖やらがあるものだから、一概には言えない。

それでも、たとえば「ともかく正解を」なんてのは、迷信である。自分の考えのすじ道をたしかめながら答案を書いたほうが、ずっとよい点を貰える大学だってある。

そして、粗っぽい採点であろうが、細かい採点であろうが、答案がどう処理されるか、少なくとも現在としては、運命の神様のおぼしめしよりない。よい採点者にあたりますよう、テンジンさんに願をかけ、よい点検者にあたりますよう、オイナリさんにお祈りするよりない。

「正解を公表しろ」という意見があるが、数学の答案には、きまった「正解」なんてない。予備校の「正解」はもちろん、出題者の「正解」だって、満点になるとはかぎらない。

この場合に、公表して意味がありそうなのは、採点基準と採点経過のほうだが、これは複雑すぎて、少し無理なようである。

「五に運次第」と書いたが、こうした採点の実際を含めての話である。入試は「客観厳正」などというヤカラは、採点の苦労をしたことのない人間だと思う。

そして、こうした入試というもの、受験生のほうで、少しでも採点者のココロを想像できたら、答案の書き方も変わるのではなかろうか。

3

技術としての受験数学

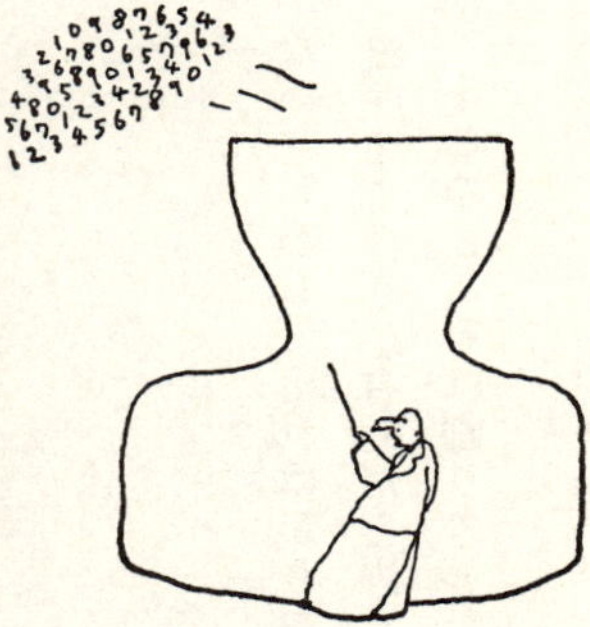

●受験数学は最後の一年で

受験がある以上、「受験数学」に没頭するのは仕方がない。しかし、そればかりやるのも考えものだ。たぶん、一年間ぐらいに集中して、没頭するほうが有効だと思う。それは、いろんな点で、「高校数学」と異質なものだ。そこのところは割りきったほうがよい。

そのためにも、高一あたりから、「受験数学」ともつかず、「高校数学」ともつかない、中途半端なものをダラダラやることを、ぼくは奨めない。むしろ、入試前の一年間だけ、キッパリと「受験数学」に徹したほうがよい。

そのかわり、高一あたりでは、逆に「受験数学」モドキはつまらない。受験に焦点を当てたければ、「受験数学」の準備のつもりで、違った気分でやったがよい。最後の一年間だけ、心おきなく「受験数学」に没頭できるよう、そこでキッパリと方向転換できるよう、その準備をしておいたほうがよい。

受験には機動力が必要だから、そうした転換がキッパリできることからして、「受験数学」の一環である。

受験ということを考えても、勉強にはノビチヂミのリズムがよい。高一あたりからダラダラとのびきったりしないように、そうしたリズムをつけたほうがよい。

そして、最後の一年間には、トコトン受験技術として、数学につきあうとよい。

●受験校で受験数学をやってるか

じつはぼくは、受験校といわれる高校ですら、やっているのは「高校数学」で、「受験数学」ではない、と考えている。そんなに受験を看板にするのなら、最後の一年は徹底的に「受験数学」をやったほうが、いっそサッパリしてると思う。

まず「受験数学」というなら、学校のテストでも、全問正解主義をとるべきでなかろう。入試本番では、半分から三分の二に手をつければよいのだ。半分を選択さすことにしてもよい。どの問題に手をつけ、どの問題をあとまわしにすべきか、そのカンの訓練をしないでは、受験校と言えない。

また、「解き方」を教えて、それができたかどうかテストをする、といった「高校数学」風のテストはやめるべきだ。むしろ、まだ「解き方」を教えてないところをテストするぐらいのほうがよい。入試本番では、「解き方」のわからない問題が出る、と思ったほうがよい。「解き方」を知っていて解く、なんて癖は、受験本番にはむしろ有害だ。

それでは、テストの成績が悪くなるが、別に困るまい。通知簿のほうは、適当に変換してつければよい。0点だってどうってことないと、むしろ度胸をつけるのによい。京大理学部に200点満点の数学20点（というのは、粗い採点なら0になる）で合格したツワモノだっていた。

●答案添削訓練を

もしもぼくが、受験校の教師なら、やろうと思うことが、いくつかある。

まず一つは、一つの問題について、クラス全員の答案（たとえば五十人分）を、全部コピーして、全員に配って、答案採点演習をすることだ。採点者の立場を理解しておくのは、受験数学の第一課である。それを通じて、解答のポイントがわかる。

それには、五十人分ぐらい見ないとダメだ。模範答案の「正解」なんて眺めるより、友人たちの不完全な答案の現物について、その優劣を実際に見るほうがずっとよい。

どういうつもりで書いているかわからないような、他人の答案を見ることによって、自分がどのように書くべきかわかる。入試というものは、自分だけでなく、多くの他人と一緒に受けるものだ。他人の答案を批評することは、良質の受験数学である。

大学へ入って、予備校の答案添削のアルバイトで、はじめて答案のコツがわかった、と言う学生がよくある。こうした機会があると、とても役にたつ。

それができなくとも、せめて、友人と答案を交換して、ケチのつけあいをするとよい。適切な教師の助言があるにこしたことはないが、友人とのグループだってよい。なんなら、どこか遠くの地方の、異性のペンフレンドと、答案交換添削ゴッコをやってもよい。

●計算違いの発見法

もう一つのアイデアは、計算違いの修正訓練である。計算練習より、計算違いを発見する訓練のほうが、受験数学としては実戦的だ。

たとえば、二時間ぐらいかかる量の、計算をしておく。そして、そのなかに一割ほど、計算違いを忍びこませておく。これを、十分間でいくつ発見できるか、なんてのでもよい。

それには、ヤマカンでもなんでもよい。計算違いの発見には、いくらか理由のあるもの、符号がおかしいとか、数が大きすぎるとか、ありそうもない因数が含まれているとか、いろいろあるのだが、総合的には違和感を感ずる嗅覚のようなものだ。だから、ヤマカンでよい。百題のうち、誤った十題を選べ、といったテストでもよい。

できれば、修正訓練もやったほうがよいが、こちらはヤマカンだけではできない。それは次の段階になる。まず自分の誤りに気づくこと。

これだって、友人同士で、適当にエエカゲンに計算して、誤りを見つけてもらう、なんて方法もある。一人だと、仕方がないから、ワーッと計算しておいて、翌日に計算違いの点検をやる。

こちらのほうは、自分の計算違いの癖がわかるまでになったら、最高である。それはむしろ、プロなみとさえ言える。もちろん、受験に強くなれる。

●計算は違ってよい、直せばよい

実際の採点でも、確率がマイナスになったり、場合の数が分数になったり、信じられないような計算を平気でやっている答案がある。こんなのは、根本がわかってないと見なされて、単なる計算違い以外に、大幅に減点される可能性がある。

計算は速く正しく、なんてムリな注文で、数学者だって、ホイホイ計算するときはよく間違うし、間違って困るときはゆっくり慎重にやるものだ。受験本番では、そんなに急ぐ必要もないが、あまりゆっくりはしてられない。間違うのは当然だ。間違ったら、なるべく早くそれに気づき、直せばよい。

このあたりが技術であって、数学者ともなると、違和感に対する嗅覚が発達しているから、わりとすぐ気づく。そして、そうしたときの誤り方のパターンや、とくに自分の計算違いの癖を知っているから、誤った場所を見つけて修正するのもうまい。じつは、こちらのほうが、将来にわたって数学をやるのには、実際的である。そして、受験のときも同じである。

速く正しく、なんてアセルことはない。受験本番では、計算違いをするものだ、と覚悟したほうがよい。そのかわり、違ったら直せばよいのだ。

受験数学として、計算違いを見つけ、直す技術を、訓練しない法はない。

●自分の答案を客観視する

解答というのは客観的なもので、それを批判したり訂正したり、といったことは、考えようによっては、数学としても正道と言える。

その種のことで、こんなテスト方式はどうだろう。テストをする。解答は返さないで、正答の解説、配点の解説をする。それで、自分の予想点を書かせる。それが、実際の採点と、プラスマイナス5点程度の範囲で当たってれば、20点ぐらいボーナスを与える、という採点方式である。

これは、自分の答案を読みとる訓練になる。実際に、受験生は答案を書いてる夢遊病者みたいなのが多く、あとで予備校の作った正解なんて見ても、自分の書いたハズの答案と比較できないのがいる。こういうのは、めったに合格しない。

受験をすませてから、それが再現できるような受験生は、合格することが多い。それは、自分の答案を客観視できているからだ。

こうした目くばりができると、この問題を解いて、あの問題の半分までとか、答案全体の調子も目に入る。こうして、自分の答案を客観的に眺められるようになると、受験にはきわめて有利になる。

また、そのほうが数学の力をつけるのにテストを利用することにもなるし、数学それ自体としても、自分の数学を見つめるという、これまたマットーなことにつながる。

●自己をコントロールせよ

計算力は、ある程度は必要だが、それほど急ぐことはない。むしろ、ホイホイと気軽に計算にとりかかり、行きづまったら、別の方向でホイホイ始める、といった気楽さのほうが重要である。実際の数学としては、長丁場の計算にもクジケヌことが重要だが、受験には時間があることだし、そんなに一日も二日もかかる計算は、出るはずがない。

それで、むしろ時間との関係としては、自己のコントロールが重要になる。急ぎすぎてはあせって失敗、ゆっくりすぎては時間がたりない、そこで問題相応に急がねばならない。

そのために、受験数学には、ストップ・ウォッチが必需品である。問題集をヤタラに買う金があったら、安物のストップ・ウォッチを買ったほうがよい。そして、自己の解答時間のコントロール、いわば自分本来の解答のペースを見つけていくことだ。

この場合、タイムをあげる必要はない。無理に急ぐのはムダなことだ。自分に最適のペースを見つけることが大事なのである。

この程度の計算はどれぐらい時間がかかるか、もっと一般には、この程度の問題ならどの程度の時間で解答が書けるか。それは、トケイのようにキッチリ、とする必要はない。きわめてオーザッパでよい、自分の見当がつき、自分をコントロールすることが大事なのである。自分がわかれば、受験に強くなれる。

●ストップ・ウォッチの利用法

それで、ストップ・ウォッチといっても、タイムを気にするためにあるのではない。たとえば、ただ漫然と問題集をやるのは芸がない。問題をザッと読むと、解く前に、解答予想時間を書いて、解答を始める。予想と20パーセント以下の誤差で合っていれば、まずよいだろう。もちろん、もっと正確になれば、それにこしたことはないが、あまり欲を出さなくてよい。

この方法で、予想が八割以上あたるようになれたら、受験生として立派なものだ。まず、自分のペースをつかんだと言ってよい。

日曜か夏休みあたりだと、こんな方法もある。一題十五分以内、といったとりきめをしておいて、その範囲で解ける問題だけを、つぎつぎと解いていく。一題でも十五分以上かかったら失格である。そのかわり、十五分以内ではダメと思ったらパスしてよい。こうして何題まで続けられるか、そうしたゲームと思えばよい。だんだんくたびれて、ペースが落ちることも考慮に入れて、二十題以上、失格せずに続けられたら、立派なものだ。

こうした場合、急いで全部解く、というのではない。解ける問題を解けばよいのだ。そして、自分にとってそれが、どの程度の時間で解けるか、その見当についてのカンを身につけるのである。

●そんなに急がなくてよい

見当をつけるというのは、数学としてもマットーなことである。本式の数学の問題は、もっと長丁場で、一日で解けるか、一月で解けるか、一年で解けるか、十年で解けるか、なんてことになりかねないが、それだって、見当をつけるものだ。こちらのほうを当てるのは難しいが、受験問題ぐらいだと、少し訓練すれば、かなり当たるようになる。

そうしたカンができると、一つの問題の範囲でも、ある方法でやってみる、行きづまったら別の方法を考える、といった場合の、転換のタイミングがつかめるようになる。こうしたものは個人差もあるので、なによりも、自分のペースをつかむことが重要なのである。

この場合のおとしあなは、受験生はとかくあせりがちだから、タイムを気にしがちなことである。それで、自分のペースをくずしたって、けっしてうまくいかない。あくまでも、自分なりの、自分のペースがよい。

前にも言ったように、一題の平均は、本番では三十分でよい。そして、全部の問題を解かなくてよい。解ける問題を、一題に三十分ぐらいかけて解けばよいのである。その、解ける問題を早く見つけて、適切な時間で解くのが受験本番というものだ。

たいていの受験生は、目うつりしたり、どれにとりかかろうかと迷ったり、苦手の問題につかまったりして、それで時間を失うのだ。

●問題集の「難易」にこだわるな

問題集に関しては、もう一つ、気に入らぬことがある。問題について、「難易」が分類してあることだ。

あれは、過保護だと思う。受験生が問題の難易を判断する能力、その重要な受験能力をつぶしていると思う。

問題集にある「難易」には、こだわるべきでない。それには個人差があるし、自分にとっての難易を判断することが重要なのである。

これについても、ストップ・ウォッチを利用してよい。問題を数題やるとして、全部の問題をザッと眺めて、短い時間で解けそうなものから順位をつける。そして、実際に解いてみて、予想が当たったかどうかをためす。少々の時間の差なら、順位が入れかわってもよい。これが、だいたい当たるようになっておくと、受験本番での、着手順が見当つくようになる。

ただし、もちろんのことだが、これは同じ章の問題では、あまり実戦的でない。問題集というのは、たいてい領域別に並んでいるから、それを解体して、ランダムに並べ直したほうがよい。だいたいに、問題集というのが、オベンキョー主義で、体系的な領域別の章だてになっているのは、実戦向きでない。ランダムに六題ぐらいずつ、まとめてあるほうがよい。

いずれにせよ、問題集をやったら、かならず自分にとっての難易の評価を書き加えておくこと、これが必要である。

●問題を多くこなす必要はない

受験数学の勉強にしても、多くの問題を解こうと急ぐのはムダだと思う。受験校の授業の話を聞くと、たいてい急ぎすぎのように思う。この場合も、一題に三十分ぐらいのペースでよいと思う。

これは、「やったことのある問題」が受験本番で出るかもしれない、という幻想から来ている。受験本番では、「やったことのない問題」が出るものだ、と居直ったほうが、受験生度胸として、絶対に有利になる。

それで、問題をたくさんこなす、なんてことにあせらなくてよい。それよりは、一つの問題についてでも、いろんな角度から、トコトン検討しておくほうが、むしろ力がつく。

別のやり方はないか、と考えてみるのもよい。途中でつまずき、やがて正しい方向を見いだしたときには、その転回点から一般的教訓を汲みとれるかもしれない。解答で、どこがポイントだったかを、確認するのも悪くない。一つの問題からだって、いくつものことが学べるものだ。

むしろ、少しの問題を解いただけでも、多くを学び、大きな力をつけることが、受験勉強の技術である。量よりは質だ。

もっと正確に言えば、できるだけ少量の訓練から、できるだけ良質の力を身につけること、これが技術の獲得ということである。量にたよるというのは、「勤勉」という名の知的怠惰にすぎない。

●正解を急ぐな

それでも、受験が近くなると、多少は時間を気にするのは当然である。一題に一時間以上もかけるようでは、気があせるだろう。まあ、たまには気分転換に、そんなことも悪くないが、ふだんはとても、一題に一時間以上をかけてられないだろう。

そのとき、とかくあせって、早く正解を手に入れようとしたがるものだ。しかし、正解がわかってから、数学の力がつくわけではない。数学の力のつくのは、正解に達する以前にある。

手がかりを求めたり、行きづまって別の道を探したり、それが数学の力であり、受験本番の力でもある。なるたけ、その過程を大事にしないとソンだ。受験勉強のうまいかどうかは、この正解以前の段階を、どう利用しているかにかかる。

そのためには、正解を目標とする以外に、正解に達する以前の過程の、自分を観察するとよい。

手がかりの見つけ方、その利用の仕方、行きづまったときの転換のタイミング、いままでの失敗を総括しての新しい道へのとっかかり、それらは受験参考書に書いてあるものでもないし、参考書から教わるというのも困難なものだ。むしろ、自分の経験から、そうしたコツを身につけるものだ。

それは教えられないものだが、正解以前の自分を見る習慣を持つと、なんとなくコツが身についてくる。

●解答の骨格を把握する

答案の書き方については、特別に訓練したほうがよいが、その基礎として、解答についても、最後に答が出たという結果だけでなしに、過程を分析する訓練をするのがよい。

さきの「幻の良問」というのは、受験本番には出ないかもしれないが、受験技術としてはとてもよい。解答を三つぐらいの段落に分けること、これは採点者がやるのと同じだが、それが採点者なみにできると、答案の骨格ができる。

解答のフロー・チャートを作ってみたり、例題の解答を略解に直してみたり、逆に、巻末の略解を答案なみのくわしさにしてみたり、つまり、簡略化したり、くわしくしたり、それが自由にできれば、非常によい。これは、かなり力がないとできないが、それほど完全でなくとも、力量相応にでも、こうした訓練は悪くない。

すでに正解があって、わかっているのに、そんなことをするのは時間のムダ、と思うかもしれないが、けっしてそうではない。これは、受験技術の基本、とくに答案作製の基礎である。

ただし、これはけっこう、高級なことだから、あまり完成を求めなくてよい。少しだけでよいから、そうした訓練をして、せめて自分の数学の力程度には、解答の骨格を把握できるようにしよう。

●部分点のとり方

解答の骨格がつかめるようになると、部分点のとり方もうまくなる。いまは、採点者のほうで苦労して部分点をつけているのだが、解答者のほうでもそれを意識すると、トクになる。

入試ではないが、大学時代にぼくは、それで成功したことがある。二割ぐらいの学生にしか単位を出さないので有名な教授の試験で、しかもぼくはその講義にほとんど出席してなかったのだが、苦しまぎれの奇手で成功した。

証明の方針をたて、三つぐらいの段落にわけて試みたのだが、第二段に少しデリケートなところがあって、どうやっても不完全で、結局はナカヌキのキセル証明になってしまった。それでも、そうしたとりくみのあり方が、教授のオメガネにかなったらしく、ぼくはその単位を獲得した。

入試の採点では、まだ、こんなのに出あったことはない。また、受験生でそこまでできるのはめったにないだろう。実際に出あったらどうするか、ちょっとわからないけれど、案外に採点者の気に入るかもしれない。

しかし、こんなことは、よほどの「受験名人」のスレッカラシのやることで、真似することではない。ただ、そうした気分を少し持ったほうが、いい答案を書ける。少なくとも、部分点のとり方がうまくなる。

採点者仲間では、最初の十五分で、うまく部分点をとれば二割ぐらい得点できる、という説があるが、そんなことまですることはない。

●問題集はヒントが重要

問題集には、欄外にヒントが書いてある。ときには適切でないヒントの場合もあるが、まあ適切なヒントの場合が多い。

あれは、問題を解くための手段と考えられて、ヒントなしで解けたら、満足してヒントには目もくれない受験生がある。たいていは、解答に少し難航したらヒントにたよるが、そのヒントを生かせるかどうかが、また問題になる。

ここで、問題と解答の間に、ヒントという媒介項をおいて、たとえヒントなしで解けた場合でも、ヒントにどういう意味があるかと、考察するのが、とても大事だ。そういう習慣を持たないから、ヒントの生かし方が身につかないのだ。

実際の受験本番では、問題集のような形でのヒントは書いてないかもしれないが、問題のなかにヒントを忍びこますことはよくある。問題自体が何段階にもなっているのは、たいてい誘導的に、つぎつぎとヒントになっていることが多い。出題者が、難問を調整して易しくするときは、たいていこうしている。だから、ヒントを利用する能力は、きわめて実戦的で重要な技術である。

そして、ヒントのないときでも、手がかりというのは、こうしたヒントのようなものである。ヒントの観察というのは、手がかりの見つけ方にも通ずるものだ。

●技術はダメ人間のために

結局、こうした受験技術というのは、入試の前までに、問題を解けるようにしておくことではない。それだと到達不能だから、勉強は際限ないし、ガンバリも際限ない。それでは技術にならない。

入試本番で問題を見たときには、そのときは解けない問題が並んでいる、と考えてよい。そのなかで、なんとか手がかりを見つけ、少しでも得点に結びつくようにする方法、それが受験技術である。試験場では、計算違いをしたり、誤った方向にふみこんだりするものだ。その計算違いを直したり、方向を修正したりして、少しでも減点を少なくする方法、それが受験技術である。

だから、問題が解けない人間、解答を間違う人間にとって必要なのが、受験技術である。もしもキミが、なんでもできる人間、けっして間違わない人間なら、話は別だ。しかしぼくは、受験生とは問題が解けず、計算違いをするものだ、と考えている。だから、受験技術が必要である。

ただし、受験本番には、時間というものがある。受験時間の枠をうまくこなして、最大の得点をうる、一種のゲームのようなものだ。それだから、受験勉強でも、ストップ・ウォッチ片手に、ゲームの練習が必要にはなる。

しかし、このゲームはスポーツではない。ガンバリよりはトリックが勝負になる。

4

受験数学以前

●結局は数学の基礎が大切だけれど

こうした受験技術を生かすには、ある程度まで、数学の基礎ができてなければならない、なんて言うと、アッタリマエのことになってしまうけれど。

しかし、基礎というのは、ごく僅かの、本当に基礎的なことが、そのかわり、本当によく理解できている、それだけでよい。教科書がちゃんとわかることが前提、なんてよく言うが、教科書みたいにぶあつい本の全部でなくてもよい。あちらこちらにアナボコがあったって、なんとかヤリクリするのが、技術というものだ。

それにしても、最後の一年間以前、いわば受験数学以前を、うまくこなしておいたにこしたことはない。それは、結局は数学をそれ相応にこなしていくことだが、ここでは受験がテーマだから、すべてを大学入試というメガネで見る。

ここで重要なことは、最後に一年間、受験数学をよくこなすためには、高一あたりから「受験数学」にとりかかることでは、断じてない、ということだ。たとえば、そのころには時間の問題は関係しない。

それでも、受験のメガネで見るということは、学校のテストの成績を上げるとか、クラスの席次を上げるとか、そうした目的はいっさい無視するということだ。最後に笑うもの、大学へ入れさえすればよいので、そこから「受験数学以前」を見ていく。

●目先きのことは気にするな

受験が遠い目標なのだから、目先きのことにコセコセしてはいけない。いまダメでも、最後に入試に通ればよいのだ。

これは、数学のつきあい方としても、鉄則だろう。数学とうまくつきあう法、数学を好きになり、数学からも好かれる法、それはアセリが禁物だ。それは、異性とのつきあいのようなものだ。

目先きのテストによい成績をとること、そんなことは無視したほうがよい。高校だと、あまりヒドイと留年するが、留年さえしなければよい。

内申書のない大学が多いから、高校の成績がビリだって、入試をうまくやれば大学へ入れる。その一方で、高校でトップだって、大学入試には関係ない。最後のゴールインが問題なので、それ以外のことはクヨクヨするまい。

だから、テストの前の勉強は、留年の危険がないかぎり、絶対にするな。数学に関する限り、試験前に勉強して実力がつくことは、ほとんどない。実力以上に成績がよくなったりしては、それがマチガイのもとになる。どうせ入試のときには、わからない問題が出るのだから、わからないときの訓練と思って、テストを受ければよいのだ。

成績を上げるかわりに実力をつけること、つねに実力以下の点数がつくように心がけること、これが受験数学以前の勉強法である。

●時間のことは気にするな

数学の問題を考えるとき、時間のことを気にしてはいけない。問題を考えだしたら、トコトン時間をかけること。何日かかってもかまわない。徹夜したって、かまわない。そんなことは、いつもあるとはかぎらないが、一年に一度ぐらい、フト考えてみようか、なんて気になることがないでない。そんなときには、他のすべてを放棄して、トコトンやったがよい。規則的なオベンキョーなんてクソくらえ、だ。さもないと、せっかくの数学好きになれるかもしれないチャンスを逃してしまう。チャンスの来たときは、トコトンやるものだ。

そうして、時間にたいして徹底的に自由にやっておいたほうが、受験数学として時間をコントロールするのにも有利になる。自己を徹底して自由にした経験がなくっちゃ、自己をコントロールすることなんて、できっこない。

また、そうしたトコトン経験こそ、受験のときの集中力の基礎にもなる。ものごとに打ちこむ、それも一時的に打ちこむ、というのは、受験向きの体質を作るのによい。それに、トコトンやると、かりにその問題には挫折しても、自分にたいする充足感というか満足感というか、そうしたものが得られる。これは偏った勉強だから、当面の成績には悪いかもしれぬが、それ以上に実力に自信がつくものだ。

●公式をおぼえるな

数学の得意な人間は、あまり公式をおぼえない。少しの公式をうまく使うのが、数学得意の定義のようなものだ。

たしかに、公式をおぼえておくと、当面の問題が解けて、テストの成績が上がったりする。それは、一見は近道だ。

しかし、おぼえたものは忘れるものだ。公式をあてはめてはできないのが、大学入試の問題では普通のことだし。

べつにおぼえなくとも、何度でも教科書を見ればよい。ついでに、その公式を導くところを読み直すのがベターだが、めんどうならそれをしなくてもよい。何度でも、見るだけでよい。

そのときに、知らずにでも、まわりの風景が目に入るものだ。教科書のなかの、どんな景色のなかに、その公式が坐っているか、それが目に入るものだ。

公式だけを抜きだしておぼえていたのでは、そうした風景から切りはなされて、その公式が死んでしまう。風景のなかで公式を見ていること、それが大事だ。

そのうちにおぼえてしまえば、それは仕方ないことだし、おぼえてなくて困ることに出あうと、公式なしにヤリクリすることに馴れていくものだ。それが、数学の実力である。

急いで公式をおぼえるより、公式をおぼえる前の状態で実力をつけたほうがよい。

●自分流の勉強法で

どうも少し、「普通の数学勉強法」にたいして、アマノジャクのすすめをしているのではないか、と気にかかっている。

たしかに、受験は他人と違わないと合格しないから、多少はアマノジャクの気があったほうが、有利ではある。しかし、性スナオな少年少女をマドワシているのではないかと、少しは気になっているのだ。

本当のところは、数学勉強法というのは、百人百様である。結局は、自分に合わないやり方でムリしたって、うまくはいかない。むしろ、自分流の勉強法を見いだしていくことが、受験勉強以前とも言える。

ただし、それが、センセに教わったとおりにすること、とはぼくは考えない。しかし、ムリにそれに逆らうこともあるまい。テストの成績だって、ムリに気にしないようにすることもあるまい。ソレナリニ、気にすればよいだけである。

自分流のやり方というものを、自分なりに自然に獲得できれば、それはとても幸福なことだ。たいていは、そこを悩む。その悩みそのものが、自分流を獲得する過程でもある。

ただ、あまり不自然に、悩みをふりきって、「普通のやり方」に自己を抑圧してしまうのはよくない。ほどほどに悩みながら、自分のやりやすいように、やっていけばよいのだ。受験数学以前というのは、そうした時代である。

●ムダが大事だ

受験の前になると、大学合格という目的があるから、あまりムダをしてられない。ときにはイキヌキもよいと思うが、全体としては、効率的に集中しなければ、大学に通らない。

そのために、受験数学以前の段階で、できるだけムダをしておいたほうがよい。ぼくは、人間にとってムダというものが必要で、ムダをなくすことを続けると、硬直して、かえって効率も落ちこむもの、と考えている。だから、受験数学をムダなしにやるつもりなら、その前にムダを貯金しておいたほうがよい。

それに、人間というものは、案外と奇妙な生物で、ムダなこととわりきると、かえってのめりこめるようなところがある。計算練習なんてのも、テストの強制なんかだと、おもしろくもおかしくもないが、ヒマツブシのつもりだと、案外に長続きするものだ。

小学生あたり、割り算をおぼえると、循環することに気づかずに、小数点下なん桁でも計算してよろこんでいる子が、よくある。ああしたものは、ムダだからやる気になるのだろう。

当節の学校は、強制が多すぎて、ムダを楽しむユトリが少ない。これでは、数学とうまくつきあう癖ができにくい。

文部省だって、このごろはユトリと言いだした。受験というのは、アセリそのものみたいだが、むしろそうだからこそ、ムダがとても大事なのだ。

●授業がわからんでもメゲルな

もう少し、アマノジャク勉強法を続ける。

よく、予習をしておくと授業がわかる、などという話を聞く。ぼくは、数学には予習なんていらない、と考えている。授業がわかって、先生から優等生と思われたところで、べつにどうということない。大阪弁なら、ソレデナンボノモンヤ、というところ。

どうせ、受験のときだって、問題を見たときはわからないのだ。そして、解答時間のなかで、ある程度はわかって、点をとらねばならないのだ。授業がわからんかったら、そうした状況への練習と思えばよい。

授業でわからないところができるから、そのあとで、それをわかるためという、勉強の方針ができる、そう考えればよいのである。その意味では、予習よりは復習のほうが、ずっとよい。ただしそれは、くりかえし風のオサライではない。数学の勉強は、オケイコゴトではないのだ。わからないところがわかるようになっていくこと、そこにこそ、数学の力をつけていく機会はある。

だから、授業がわかってしまったら、そうした機会が失われる。数学にとって大事なことは、わかってしまうことより、わからないことがわかるように変わることだ。ふだんの実力をつけるのだって、受験本番だって、そうだ。

授業がわからんぐらい、気にするな。わかったような顔をしている連中は、力をつける機会をつぶしてるのだ。

●たまには背のびを

しかし、予習をするな、というのと矛盾するようだが、たまには背のびして、先のほうを見ていくのも悪くない。それも、ちょっと先などでなしに、かなり先がよい。

予備校生などで、ニセ学生になって、大学の授業を聞いているのがよくいる。あれは面白半分だろうが、ひょっとすると、受験にもトクになりそうに思う。大学教師に読んでもらう答案を書くのだから、当の相手を見ておいたほうがトクだ。

そればかりでなく、大学でどんな調子で数学が行なわれるかなんて、ちょっと覗いておくと、高校の数学の方向性がわかってきたりして、有利になることもある。

たとえば、高一ならば、たまには高二の教科書や参考書を見る、なんてのも悪くない。数学はツミアゲなんていうが、たとえ高一の数学のほうがわからんでも、少しぐらいは、高二のほうの教科書のなかで、わかるところがあるものだ。それは、ずいぶんと自信になる。

また、高二の数学を少しやってから見たほうが、高一の数学もよくわかる、なんてこともある。数学はキッチリとツミアゲのように思われているが、実際の人間のわかり方では、逆行がよいこともある。

だから、たまに背のびするのは、悪くない。もともとムリしてるのだから、わからんでモトモトだ。それに、わからんなかでヤリクリする訓練にすらなる。

●もう一つの数学

受験勉強期以前だと、カリキュラム外の数学に手を出してみるのも悪くない。数学パズルのたぐいだってよい。

数学ぎらいだったのが、案外と学校カリキュラムとはずれた、「べつの数学」のほうから、数学好きになることだってある。当節では、いろいろと、その種の本が出ているし、教科書そっちのけで、他の本に夢中になるという経験は、あったほうがよいもので、それが数学の本であって悪いはずはない。

しかし、そうした道は淫する傾向がある。人間というものは、役にたたず、自分の趣味だけで、ムダを承知での熱中、つまりは道楽には、のめりこみがちなものである。「べつの数学」は、「学校の数学」よりは、そうした可能性が強い。

それは、べつに悪くもないのだが、受験勉強の一年間ぐらいは、禁欲せざるをえないだろう。中毒になって禁断症状がおこるほどだと困るが、普通はそうはならず、むしろ受験勉強期のイキヌキ程度に使うものだろう。

ただ、そうした欲求が、受験期に重なると困る。学校の数学や受験勉強がアホラシク思えて、べつの道へ突き進みたくなる。そうならないように、そうした経験は早い目にすませておいたほうがよい。

ワキミチへ入ってみることで、数学とのつきあい方をおぼえる、そんなことも、あるものである。

●友人を利用せよ

わからんところが出てくると、多少は不安であって、すぐに先生に教わりたくなるものだが、少しは自分で悩んで、ひとりで考えたほうがよい。

しかし、いつまでもクヨクヨしていては、ノイローゼになるから、友人に話してみるのがよい。そのとき、あまり「できる子」を相手にしては、劣等感のもとだから、なるべく自分とチョボチョボぐらいの相手がよい。

それだと、たいていは自分と同程度にわからないでいるものだが、他人がわからないで困っているのを見ていると、自分がどこがわからないか、それが見えてくるものだ。他人とは、自分にとっての鏡である。

早くわかることを目的にするより、自分のわからなさの質を問題にすることのほうが、数学の力をつけるのにはずっといいもので、わかることを急ぐことはない。チョボチョボの仲間と群れているのは、いいことだ。

中学から高校ぐらいの年齢は、他人が見えてくる時期でもあり、それを通じて自分の見えてくる時期だから、その友人を利用しない手はない。ライバルなんて、没個性的なモノにしてしまうのは、もったいない話だ。

もともと、数学というものには、わかり方のコミュニケーションの手段のような面があるから、それを勉強するために、コミュニケーションを利用したほうがよい。

●わからんかったら他人に教えてみよ

無理なことを言っているようだが、自分がよくわからないとき、他人に教えることを試みると、よくわかるようになる。

これは、大学教師がよくやる手だし、大学生だって、家庭教師のアルバイトをして、はじめて、ようわからんかったことがわかるようになりました、などという子がよくいる。

人間は、他人に説明しようと思うと、自分のほうでも、よくわかってくるものである。

高二あたりだと、高一のなるべくカワイイ子を見つけて、その子の特別家庭教師になるとよい。かりにキミのほうが数学苦手で、相手のほうが数学得意で、キミより相手の下級生が数学わかっちゃっていたりしても、それはかまわない。むしろ、そのほうが、おもしろいかもしれない。

先輩後輩なんて権威ぶるのは、つまらないことだ。そんなミエさえなければ、高二での数I学習法としては、これはとてもよい。復習なんて、しかめっ面をするより、カワイイ下級生とキャアキャア言うだけでもよい。

だいたい、人が人にものを教えるとき、教わる側ばかりが恩義を感ずる必要はない。人に教えてやれば、自分が賢くなれるのだ。

とくに受験に関しては、答案という形にせよ、他人にたいして表現するのだから、ヒトリヨガリでなく、その表現を対象化できんと困る。その点、カワイイ下級生相手というのは、ちょうどよい。

●文章でやればもっとよい

面と向かって教えあうのも、よいものだが、手紙によって、文通でやると、もっと効果的である。

その場合は、うまい説明を、文章で表現せねばならなくなる。文章表現を試みると、自分のわかっているところも、わかっていないところも、はっきりしてくる。

問題の出しっこでも、問題をうまく表現することを試みると、問題の把握の仕方がうまくなる。解答を書いて説明したり、その解答のわからないところを文章化して質問したり、さらに解説をしなおしたり、そうしたことをしていると、なにが問題のポイントかが、つかめてくる。

そして、こうした文章化をしていると、自然に、答案の書き方が上手になる。上手な答案の書き方というのは、受験技術の仕上げのようなものだが、それは、こうしたなかで基礎ができる。

交換日記を利用してもいい。交換日記のなかで、数学の問題の出しっこなんて、ヤボッタくって、イメージをこわしかねないが、受験のことを考えれば、背に腹はかえられぬ。イメージをこわさぬ範囲で、利用すればよい。

それに、そうしたなかで、逆に数学のほうが、交換日記の持つフンワカしたイメージに同化されて、フンワカしてくればしめたものだ。キミは、数学が好きになれる。

●数学となかよく

ともかく、数学となかよくなっておくことが、受験数学以前のなによりの基盤である。

よくわからないところがあっても、問題がうまく解けなくっても、数学とナカヨシであれば、集中的に受験勉強する時期になれば、グンとのびるものだ。逆に、だいたいわかって問題が少々解けたところで、ナカが悪いと受験勉強の効率はあまりあがらない。

入試というものの性格上、頭のハシコイほうがトクをするものだが、想像よりは試験の時間は長いもので、それほど気にすることはない。二時間半なんてのは、高校のテストとくらべればかなりの長丁場である。

数学とナカが悪いと、二時間半というのはたえられないぐらい長い。時間がたりないといっても、アセリとムダ使いで時間を消費するのであって、頭のニブサを嘆くほどのこともない。ある程度のニブサは、逆に入試に有利に作用する、という説すらある。

だから、ともかくも、うまく数学とつきあえるようになるのが、受験数学以前になにより必要なことだ。

一番うまくつきあえるときは、程度問題にしても、よくわからないのは、わからないところを考えるのが楽しく、問題が解けないのは、パズルとして長く楽しめる、ぐらいの境地にさえなれる。そうして楽しんで遊んでいるうちに、気がついたら、数学が得意になっていたりするものだ。

●わからなさを頭のなかで飼っておく

そうは言っても、やはり基礎的なポイントは、よくわからねばならない。ただし、そのために、あまりにも「数学はツミアゲ」と言いすぎるような気が、ぼくにはしている。

基本がよく理解できてないと、さきに進めない、というわけでもあるまい。ナマワカリのまま、適当にヤリクリしているうちに、だんだんとわかってくる、ということだってあるものだ。よくわからないままで、なんとかチョロマカセルというのも、要領のうちである。これは、そのうちにボロが出る。しかし、最初から完全にわからなくても、ボロが出るまでの間に、わかればよい。

どうしてもよくわからないところは、わからないからといって、あきらめて見捨てたりしないで、頭のなかで飼っておくと、そのうち一年もすると、なんとなく馴れてきてくれて、それがわかってくる、といった経験も、たいていの数学者は持っているのではなかろうか。ただ、そのわからない概念が、住み心地よく飼われてくれるように、頭の牧場ができていることが大事である。

数学といったって、リクツでわかるだけではあるまい。頭のなかにしっくりと、とけこんできて、わかってしまったからわかってる、といったこともよくあるものだ。

そこで、わからないと絶望したりしては、住み心地が悪くて、数学が逃げだしてしまう。

●腕力のつけ方

計算の腕力というのは、やはりないと困る。これは、トレイニングのようなところがあるので、ドリルが有効な人もあろう。ただし、およそスポーツマン向きでなく、鍛錬がなにより嫌い、根性といった言葉に縁の遠い、ぼくのような人間だと、それは向かない。

ぼくとしては、速く正しく、といったムリなドリルは必要ない、と考えている。気楽にホイホイと計算にとりかかり、少々はめんどうでもやってのける、そうした腕力のほうが、実際上にも、受験のためにも、有効ではないか、と考えている。

だから、せかされながら、間違わないように神経はりつめての、猛烈シゴキは必要ない、と思う。むしろノンビリ、時間におかまいなしに、なるべく長丁場の計算をしたほうが、腕力養成にはよいのではないか、と考えている。

できれば、あまりドリル的でなくて、計算するのに一日以上かかるような計算、なんてどうだろう。

数の計算だと、1000までの素数表を自作するとか、二桁の対数表を手づくりで作ってみるとか、そんなのがいいように思う。

本当は、式の計算でも、同じようなものがよいのだが、高校程度の教材で適当なのは、あまり見つからない。せいぜい、四乗和の級数の公式とか、五次関数の変化を分類するとか、思いつくぐらい。ともかく、教科書の練習題より、ちょっとめんどくさいのがよい。

●空白をつぶすな

いまの高校生活では、少し無理かもしれないが、ここで書いたのは、すべて、少しヒマジン向きの方法である。

ぼくとしては、高一あたりだと、三年先の受験を気にせず、学校のテストの成績を気にしない肚さえあれば、高校生活のなかでも、けっこうヒマを作れると考えたいが、どうもやはり時代が昔と違って、当節そんな考えは甘いのかもしれない。

それでも、これだけは忠告したい。せっかくヒマがあるのに、それをわざわざ、つぶしているのではないか。

人間にとっては、ヒマというのは、とても大事なものである。ヒマがあるから、自分をのばすことができる。

ところがこのごろ、空き時間があるのを目の仇にして、ギチギチにスケジュールをつめるのが流行している。そんなに、スケジュール人間になってしまっては、自分をのばす余裕がない。

ぼくは大学にいて、つくづくそのことを感ずる。二十年ぐらい前の大学生だと、単位登録の時間割はスケスケにしていたものだ。このごろでは、空白を作るのに脅えているような学生が増えてきた。

これはおそらく、中学や高校からの習慣に相違ない。それでぼくは、あえて時代風潮に反してさえ、ヒマを大事にすることを唱えたいのだ。

5 ぼくの受験時代

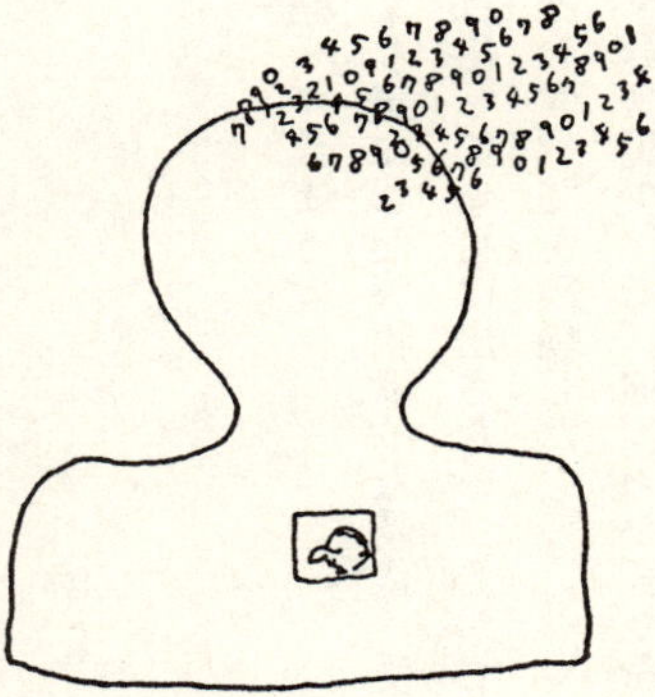

●今は昔の物語

ここらでイキヌキに、ぼく自身の受験時代を物語ってみよう。

といっても、親も教師も周囲も、受験なんてあまり気にしない牧歌的な時代、受験は受験生が勝手にするもので、親はというと、金は出しても口は出さない。しかし、いまの受験体制の原型はすべてあったし、ぼくはそのすべてを経験した。

ときは戦争中、ぼくはというと、自他ともに許す非国民少年で、迫害のかぎりを受けた不良優等生、要領と度胸だけは抜群の受験名人、それに極端に運がよくって、すべての入試をチョロマカシてくぐりぬけた。

ぼくの育ったのは、大阪近郊の豊中市で、中学は北野中（いまの北野高）、高校は三高（いまの京大教養部）、大学は東大理学部と、経歴だけ見ると、スイスイと行った優等生のように見える。

いまの人にわかりにくかろうが、中学入試というのは、いまの高校入試ほど本格的ではなくて、いまの私立中の入試に少し似ている。受験というのは、中学の四年を終わると受けて、それでダメなら五年で卒業してから、浪人すると予備校もあったが、たいていは中学の補習科というので受験勉強をする。戦争で浪人しにくくなって、合格者は、四修が四割、五卒が五割、浪人が一割ぐらいだったろうか。いまでいえば、四修が現役、五卒が一浪というところ。

●昔から塾はあった

さて、昔から、都市近郊には塾があった。もっとも、習字の塾というのは悪童のたまり場で、墨でイタズラごっこをしただけ。絵の塾というのは、二科系の絵かきさんで、およそ教科書とイメージの違って、芸術づいているのが、ひどく楽しかった。

小学校五年のときに、半年ばかりだったろうか、夜に勉強の塾へも通ったことがある。そのころのことだから、学校では男と女で組が違ったものだが、憧れの六年生のオネエサマの隣にすわれて、とても嬉しかった。それと、六年生の男の子には、いろいろとヨカラヌことを教えられた。あとは何もおぼえていない。

六年生になると、進学する子だけ集められて、放課後には、ひそかに受験用の補習があった。算数と国語に、長帳といわれた、いまでいえば市販プリントをとじたようなものがあって、それのテストの訓練をくりかえしたものである。こちらのほうも、このときだけ男女が一緒になった、ということしかおぼえていない。

夏休みには、男の子だけ十人ほどだったか、海水浴をかねた強化合宿みたいのもあった。こちらは、海でポチャポチャやったのしか、おぼえていない。

ところが、秋になって、中学入試の科目がきまったのが、それがなんと、内申と体操と口頭試問だけ、というオソロシサ。これには観念したものである。

●なんでも受験体制になる

それでも、受験勉強のやりようはあるもので、口頭試問問題集というのが市販されて、放課後には、まるで常識みたいなことをソツなく常識的に答える練習があった。校長室へ入って、オジギの仕方、イスへの坐り方と、行儀作法、いわば面接のリハーサルもあった。いま考えてみて、あんなものが役にたったとは、とても思えない。

ペーパーテストだが、口頭試問の模擬試験というのがあって、友人の兄さんに連れられて、数人で神戸まで受けにいったことがある。隣の兵庫県では、国語と算数の試験もあったらしく、ついでにそれも受けたら、そっちはバツグンなのに、口頭試問のほうはサンタンたるものだった。

友人と三人ほどで組んで、学校の成績を上げるコツを教える「ベテラン小学校教師」の家庭教師の世話にもなった。こちらのほうもくだらんものだった。ぼくは、オトナの小説が好きで、作文の文体がついスレッカラシになるのを、「コドモらしい」優等生作文になるように、トーンを落とすとか、絵が二科風に芸術づくのを、教科書風にペンキ画に直すとか、つまりは身をやつすコツなのである。

実際のところは、内申書というのは、最終的にはナレアイの調整だったような気がする。口頭試問のほうはあと度胸しか残ってないし、体操ときたら軟弱非国民だから、もう絶望的である。

●運と度胸で

ところが、神風が吹いた。つまり、試験当日にカゼを引いて、熱を出したのである。それで、中学の休養室で氷枕で寝ていて、順番の来たときに、体操の試験を受けるのである。本当のところは、どんなに健康なときでもフニャフニャしとったのだが、熱のためにフニャフニャしてると、テキは錯覚してくれた。

同じく、枕を並べていた受験生が、あと二人いたが、三人とも合格したから、きっとカゼで熱を出した受験生は、体操の点をまけてくれたのだと思う。これで、一つの難関を無事突破。

口頭試問というのは、ときに紀元二千六百年、「今年はどういう年か」「はい、紀元は二千六百年、めでたい年です」「なぜ、それがめでたいのか」「ハイ、皇統がこんなにも長く続いたとは、世界に類を見ないめでたいことです」

われながらアホラシイと思いながら、参考書通りのソツのない受け答えをしていると、テキはニヤリと笑って、「長ければめでたいのなら、二千六百一年はもっとめでたいやないか」と来た。ハハーン、これはテキさん、少し退屈してるなと、「そりゃその通りで、二千六百二年になったら、もっとめでたいわけですけど、毎年めでたがってたら、人間がオメデタクなりすぎるから、チョッキリのとき祝うよりしゃあないでしょ」と言ったらテキはゲラゲラ、これで合格したと思ったな。

●昔の進学校

こうして、いちおうは、有名受験進学校に入れたのだが、われながらマグレとしか、言いようがない。そんな経験があるものだから、ぼくは中学入試というものを、まったく信用していない。

それでも、当時の進学校なんてエエカゲンなもので、学校では受験指導はまったくなかった。せいぜい、一年に一回か二回、校内模試というのがあったぐらい。それで、受験はというと、先輩や友人と相談して、適当なところをきめて、学校に手続きをしてもらうのである。

進学校といっても、警察のお世話になりかかってる不良もいたし、低空飛行の末に落第するヤツもいて、それがまた面白い連中で、ぼくはヤクザとつきあうのはこわかったし、落第する気もなかったが、そうした連中を知ることで、中学生生活にある程度満足していた。

上級生の不良ににらまれたり、上級生の軍国少年にどやしつけられたり、まあいろいろあったが、それは受験と関係ない。

当時の受験では、主要科目は、英語と数学と国語、この国語には現代国語はなくて、もっぱら古文と漢文である。高校入試というのは、いまの高校入試よりは大学入試に似ている。ただし、数学でいえば、いまの高校数I程度で、幾何の難しい証明があった。英語と国語は、いまの大学入試よりは程度が低かったと思う。倍率も今の大学ぐらいか。

● 数学と英語と国語と

ぼくは、そのころすでに数学少年だったが、いくら数学が得意でも、受験は少し別であって、やはり問題集や通信添削などやった。友人には家庭教師についていたのもあったが、ぼくはつかなかった。塾については、浪人した連中が予備校へ行くぐらいだったろう。それも、中学補習科へ通いながらか、宅浪が多かったように思う。七浪とか八浪とかいう伝説は、もう少し昔の時代で、二浪はめずらしかったように思う。もっぱら準備したのは、英語と国語だった。英語と国語と数学については、三年と四年のときには、学校のテストの前の勉強をしたことがない。当時は、こうした方式を、「実力で受ける」と言ったものである。

国語については、二年生あたりから、平家物語とか十八史略とか、あるいはもう少し楽しんでは南総里見八犬伝とか、いろいろと読んだものだ。ああいうものは、少し馴れると、受験ということを離れても、楽しいものだ。

英語については、エラリー・クィーンなんて読んでいる友人もいたが、ぼくはどうも、そこまで行けなかった。そういうものを読む機会を持ったのは、おとなになってミステリー・ファンになってからである。中学の三年ぐらいで、そういうのに馴れておけば、英語がこんなに苦手にならなかったろう。昔から、外国語の最善の勉強法は、ポルノを読むことだという説がある。

●あまりすすめられない勉強法

その苦手の英語をものにするのには、あまり人にはすすめられない、特殊な方式をとった。三年の一年間、英語のリーダーにいっさい手をふれない誓いをたてたのである。

そのかわり、他の中学で使っているリーダーを買ってきて、それといくつかの受験参考書とを独学した。授業中は、リーダーを見ずに、ほかのことをする。いまでいう内職だが、そのときは受験勉強というより、小説かなにか読んでイキヌキをしているのが多かったように思う。

それで、当てられると、「わかりません」と解答拒否をする。つまり、実質的には、完全な授業ボイコットである。

そうすると、学校のテストは、完全な実力テストになる。たまに一題ぐらい、比較的易しい問題が出たりして、友人に聞くと、それだけがリーダーにない問題だったりした。

これは相当に危険な方法で、下手をすると落第してしまう。そうしたスリルに身をおいて、なんとかやってのけようとしたわけだ。

これがよかったかどうか、いまだにわからないし、かなり度胸がないと、うまくいかないと思う。それにしても、英語のテストというのが、習ったところから問題が出るというのが、どうも腑に落ちなかった。

少なくとも、高校へ入ってからや、入試に向かっては、よかったような気がしている。

●一点豪華主義

ほかにも、理科とか社会とか、テストのある科目はいろいろあるわけだが、これについても、少し異常な方法をとった。

かりに、こうした科目が五科目とする。中間テストを入れると、一年に五回テストがある。それで、一回に一科目だけしかやらないのである。他の連中は、試験というと、全科目やっているのに、こちらのほうは、英数国は無視、結局は一科目だけの試験だから、ラクなものだ。それで、いい点がとれねばおかしい。

つまり、一点豪華主義で、一回には一科目だけ、うんとよい成績をとる。一回でも、いい成績をとると、ウン、オレもやればできるんだと、自信がつく。自信さえできれば、もう用はない。あとは徹底して手を抜く。

どうせ、試験の前の一夜漬けなんぞで、力がつくはずもない。しかし、試験でいい成績をとると、やはり気持ちのいいものだ。それに、中途半端にいろいろやるより、一つに打ちこんだほうが、コツもわかるし、満足感もある。

教師のほうでは、ずいぶん不思議がっていたらしいが、一度だけでも、抜群の成績をとっておくと、それほどにらまれないし、なかなか落第しない。

それでも、学年成績の席次が、ケツから三分の一以内に入ったことはなかったから、リッパなもんやろ。

そんな調子でやっていて、四年の春からは受験勉強にスパート、秋口にあった校内模試では、苦手の英語も含めて、抜群の成績、ダークホースの駿足を見よ、というところである。とくに数学と国語はトップで、五年生や補習科のふだん威張ってるヤツを見返してやって、ちょっといい気になったものだ。

ところが当時は、秋になってから、受験科目が発表になる。戦争中のイビツさもあって、理科系の場合、数学と理科のほかは、日本史と作文、というケッタイな取り合わせであって、力を入れていた英語も国語も、受験科目にならなかった。

負けおしみじみるが、そのときはちょっとサワヤカだった。イビツな受験勉強というのも、ちょっと後めたいもの、それがムダになったので、罪悪感なしにすむ。入試の半年前にならないと、受験科目は発表されない、という昔の制度も味なものである。

それでも、いったん受験名人の称号を受けたからには自信満々、要領と度胸ではだれにも負けない、あとは運の強さを信ずるだけだ。受験科目がなにになろうが、どうってことないさ。本当に、当時はそんな鼻息だったのだから、自信を持つというのは、たいしたものである。

どうもぼくにとって、受験というものが心理的ゲームのような気がしているのは、こうした受験体験から来ているのかもしれない。

●旧制高校受験

志望校を三高にしたのは、戦時中とはいいながら、三高が一番リベラルという評判があったからだ。ぼくの入学する前ごろ、狂暴な配属将校を殴りたおした英雄がいて、その英雄は退学になったけれど、配属将校も左遷されて、以来、配属将校も腫物にさわるようにしている、という評判があった。

そのころは、文科へ進学すると、兵隊にとられる危険があったので、理科進学というのが普通だった。こうした志望校の決定は、そうした噂や評判で、自分できめたものだ。

当時は、高校進学からは、親元を離れるといった感覚があって、入試なども勝手にするものだった。もっとも、入試中の宿は、親の知人の家に厄介になったのだから、ぼくなど、親がかりの強いほうだったかもしれない。それに、合格発表の日に、来るなというのに、親が心配してやってきた。

試験は筆記試験のあと、一週間ぐらいしてからだったか、口頭試問と身体検査とがあったが、合否のほうは筆記試験中心である。

まあ、今といろいろと違う点はあるが、現在の大学入試にかなり近いと言える。年齢が二年ばかり若いことと、入試が社会的事件になってなかったことあたりが、今との大きな違いで、程度の差こそあれ、現在あるようなことは、すべてあったように思う。三十七年前ではあるが、ぼくの受験時代の花はこのときだった。

●また口頭試問で

このときも、口頭試問でオカシナことがあった。ぼくは要領と度胸で合格するつもりだったのだが、先輩の話では、口頭試問のときにはすでに合否が内定していて、それとなく知らせてくれるという。

行ってみると、人相の悪い教授がいて、「戦時中で、みんながお国のために工場で飛行機を作って働いている。高校へ入るよりも、直接の生産につくすほうがいいと思わんかね」と言いだす。

これには、愕然としたね。アリャ、意外や意外、オレは落っこったのか。そこでヤケクソ、「そりゃ、工場で飛行機を作る人もあれば、学校で勉強する人もあるでしょ。だいいち、そんなこと言うなら、どうして入試なんかするんですか」と逆襲。テキはムッとした顔で、「キミの内申を見ると、修練の成績が悪いが、サボッたんやろ」と来る。修練というのは、操行の化けたもので、不良非国民軟弱少年の成績がいいはずがない。「エエ、ソリャまあ……」「三高へ入ってからは、サボッたらあかんぞ」

ア、やっぱり通っていた、と喜んだものだ。友人のなかに、口頭試問のヤリトリで目をかけられて、筆記試験で落ちかけたのを拾われた、というのがいたのは知っている。しかしぼくは、高校入試のほうは、中学入試と違って、断乎として筆記試験で合格したと信じている。

●戦時下のムチャクチャ授業

戦時中の高校というのは、相当にムチャクチャだった。三年の年限を二年に短縮して、それも二年目は工場動員で、結局は一年間で三年分をやる。一日に八時間も授業があったり、日曜は一週おきだったり、夏休みもろくにない。

数学やドイツ語は毎日あるし、その上に、週に二回は午後いっぱいが、鉄砲かついで軍事教練である。いま思いだしても、ムカツク。

授業は、いまの大学よりすさまじく、中学の数学は高校数I程度だから、微分も積分もやってないのだが、物理はニュートンの微分方程式から始まる。だいたい、今の高二から大学教養一年ぐらいまでを、一年間でやったようだ。

その上に、夜はフランス語の講習に通ったりした。いまだに不思議なのは、一年たつと、ドイツ語よりフランス語のほうが得意になったことだ。ドイツ語のほうは、毎日シゴカれ落第でおどされ、フランス語のほうは予習もあまりしないでフランス人のやさしいおばさまと遊んでるだけ、なのにである。ぼくはよほど、強制になじまないたちなのだろう。

こうした学校生活に、優等生合格者どもは、多少はあわてていたが、こちらは十六歳の若輩ながら、関所破りの野良犬素浪人みたいなものである。ムチャクチャな授業というのには、すごく抵抗力があった。

戦争は二年の夏に終わって、高校の年限は三年間に復帰した。それからの一年半、ただただ遊びほうけていたように思う。そのときの遊び癖が、いまだに抜けないでいるのが、困ったところだ。

金も食物もなかったが、金と食物のないのは日本中のことで、こちらには若さがあった。ともかくも、解放感があった。文学、哲学、歴史、経済、そして音楽、美術、演劇、映画、ありとあらゆる文化を求めて右往左往する青春だった。いまの文化飽和時代の若者には、文化飢餓の戦後というのは、想像できないかもしれない。日本文化の最良の時代、それはあの戦後の廃墟の時代だったような気がする。

いちおう大学入試というのはあるのだが、こちらのほうは、あまり気にかける風潮がなかった。戦前の高校というのは、いまの大学以上に特権的で、そして大学入試というのはいまの大学院入試に似ているが、はるかに入りやすかった。

このごろのような序列もなく、だいたいには理科系だと、本とリクツの好きなのが理学部、カタギで機械が好きなのが工学部、山川草木の自然が好きなのが農学部、人間関係の好きなのが医学部、というぐらいで、べつにどこが難しいということもなかったようだ。強いて最難関といえば、東大理学部物理学科ぐらいか。数学科なんて、入りやすいほうだった。医学部も、どうということはなかった。

●昔の大学と大学院

そのころの三高からは、だいたいは、優等生は京大へ行き、ヤクザなのが東大へ行く、という傾向があった。京都は焼けのこったために、東京のヤケアト暮らしの苛烈さ、といったものに、ヘンな憧れがあったためである。

そのころは、各大学各学部ごとに入試をしたように思う。東大理学部と京大理学部とは重なっていて両方受けられなかったが、東大医学部と京大医学部の両方に受かって迷っていた友人がいたから、これはできたのだろう。東大理学部を落ちて、東北大理学部に入った友人もあったから、これもできたのだと思う。こうしたところも、今の大学院入試に似ている。試験科目も、学科ごとに違った。

理科系で入試科目のいちばん少なかったのは、東大理学部数学科だったのではないかと思う。入試科目は数学と物理、それに外国語が二つ、それだけだった。受験に関係のありそうなことといえば、三年のときに、力学の難しい問題集をやっただけで、大学入試なんて、頭からナメていたように思う。実際には、落第して浪人するのもあるのだが、これもいまの大学院入試と同じで、だれも気にしなかった。

ただ、このごろの大学院入試は極端に難関になってきているが、受けるほうの気分はよく似ている。当時の大学入試はもっと気楽だった。ついでに、昔の大学院は、無試験無資格で、今の大学院出の研究生と同じである。

●焼跡の街で

それで、大学入試はというと、これはもう親とはあまり関係なく、といっても、当時の窓からしか出入りできない煤だらけの汽車に乗りこむのには世話になったが、焼跡東京の友人のところに、入試の半月も前から転がりこんで、廃墟の街をウロウロしていた。金も食物もなくって、なにをしていたのか、いまでは思いだせないのだが。

戦前の高校の特権というのは、大学の第一次募集は高校卒業生だけで、一般に門戸の開かれるのは二次募集からだった。そして、高校卒業生よりは、大学の定員のほうが多かった。

もっとも、ぼくの大学へ入った年からは、その特権がなくなって、一般に門戸が開放された。うかつなことに、そのことを知ったのは、入試の五日前で、数学科の倍率が四倍だと聞いて仰天した。しかし、参考書のたぐいはなにも持ってきてなかったので、どうしようもなかった。

しかし、特権といえば、陸軍や海軍の学校に進む連中が多いなかで、戦争に背を向けて勉強をしていたことが、ひどく特権的だったのである。それで、あの時代ほど楽しい時代はなかったが、その楽しさ自体が、ぼくにはひどく後めたい。高校の寮歌祭などといって、いい年をして太鼓をたたいて喜んでいる人もあるが、どうもぼくには気恥ずかしくていけない。

●受験ファシズムをこえて

これが、ぼくの全受験歴である。いま考えると、すべてアホラシイが、それを運よく、くぐりぬけてきた。少しないものねだりながら、少しは受験挫折体験をしたら、もう少しは人間に深みが出たかもしれない。なんとなく、われながら軽薄なのは、入試がうまくいきすぎたからかもしれない。

かつての受験名人のぼくが、タイム・トンネルでいまの受験体制のなかへ出現したら、やはり、かつてのように、関所破り野良犬素浪人スタイルでやると思う。いまの体制では成功しないかもしれないが、ぼくは、今度は運が悪かった、としか考えないだろう。

これは、ただの読みもので、単にぼくの受験時代にすぎない。キミには、キミの受験時代があるだろう。キミは、それを三十五年後に語ればよい。

しかし、みんなが一律の、受験ガンバリ体制にまきこまれることもなかろう。まるで受験ファシズムだ。

今の受験戦争はキビシイのだ、なんて言わせない。ぼくの生きたのは、本物の戦争のなかの、本物のファシズムの時代だった。

キミは、キミ自身の受験時代を生きよ。これは、かつてのファシズム嫌いの非国民少年からの、時代をへだてたメッセージと思って、聞いてくれてよい。

6

数学答案の書き方

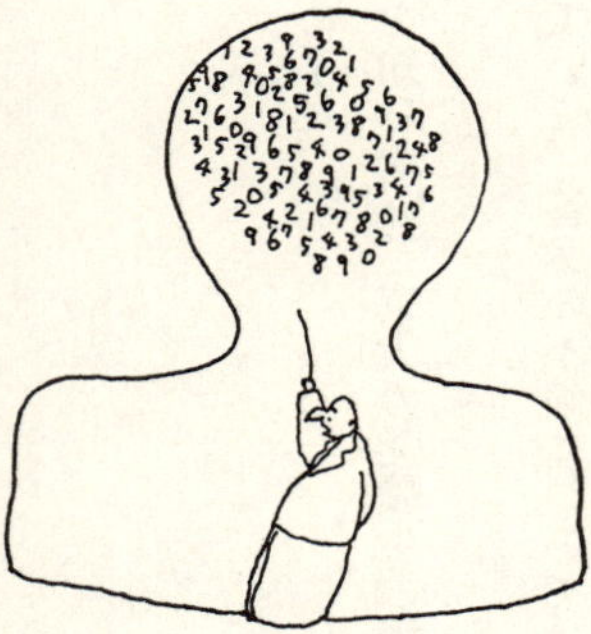

●答案は採点者への手紙

受験技術に戻る。答案を上手に書くこと、これが決め手だ。

実際のところ、ほとんどの受験生は、答案の書き方を知らない。京大の受験生の場合、答案の形になっているのは、三分の一もない。

採点者の側では、心ならずも、そのことをあきらめていて、答案の不備については、できるだけ減点しないように、規制している。それで、本当ならダメな答案でも、かなりのものが減点されずにすんでいる。

だいたいは、ヒトリヨガリの答案が多い。答案とは、他人である採点者に読んでもらうために表現した、一種の作文である。コミュニケーションの用をなさなくては、いくら自分はわかってると主張しても、仕方がない。そして、しばしば、受験生がなにを表現しようとしているのか、採点者に伝わらないことがある。

それで、答案というのは、採点者への手紙のつもりで書け。ラブレターを書くとき、相手の瞳を想像するごとく、採点者の瞳を想像して書け。答案だって、人間にたいするメッセージなのだ。このことを忘れるな。

このことは、ある程度は習慣になったほうがよいし、訓練もいくらかしたほうがよい。また、気持ちの変えようで、いくらかカバーされるものもある。ともかく、受験生である以上、答案ぐらいは、うまく書けるようにしたほうがよい。

●文章にせよ

かなり多いのは、式が並んでいるだけ、という答案である。式というのは、単語のようなもので、接続詞や動詞が入らねば、文章にならない。

それは電報文みたいな暗号で、採点者にとって、かなりの程度までは、解読可能である。それは、解読できるかぎり、なるべく行間を読みとって採点する。

しかし、解読できないこともよくある。どういうつもりで、こんなところに、こんな式が書いてあるんだろうとか、この式とこの式との続きぐあいは、どういうつもりだろうかとか、採点者は年中、頭をひねっている。

採点者に頭をひねらせたって、解読してもらえれば点はもらえるかもしれない。しかし、そうした場合は、減点につながることだって、ずいぶんと多い。

さしあたり、答案を文章として書くことを、習慣づけたほうが、有利である。式Aの書きっぱなしでなしに、「Aとなる」とか、「Aであるから」とか、「Aとすれば」とか、この「である」や「であるから」や「とすれば」の部分が大事なのである。「Aとすれば」と書くべきところを、「Aであるから」と書けば、5点ぐらい減点される可能性があるが、そうした場合に、ただの「A」だけの答案も、ワリを食って、3点ぐらい減点されることだってあるのだ。

●答案はメモではない

これは、授業の板書や、ノートのメモとは違う。そうした場合は、状況があるから、Aしか書かなくとも、「とすれば」を口で言ったり、自分のメモとして了解できる。

それに、メモなどは、簡略なほうがわかりやすいことが多い。「とすれば」とか「である」とか、文章だらけになるよりは、式をうまく配置したほうが見やすいことも多い。

答案は、それと違う。ほかには何もなく、答案だけで表現し、答案だけで伝達しなければならない。

これについては、ときどき、答案を完全な文章にする訓練をしておいたほうがよい。先生の解答の説明を、ノートにメモしたら、それを一度は、完全な文章の形にまでしてみることだ。

大学生でも、これができないので、大学教師が板書するとき、「Aとすれば」まで書く人も出てきたが、これは受験のときに、身につけておいてほしい。

高校の教科書はいろいろあるが、たいていの教科書は、例題の解答は文章の形になっているはずだ。答案というものは、あの程度には書くものである。

大学へ進んでからの数学書でも、このごろの本はたいてい、「これを計算すれば、A＝Bとなって」といった調子で、「これを計算すれば」とか「となって」が入っている。

●句読点を打ってみよ

高校の教科書では、まだいろいろだが、大学の数学書となると、このごろは、コンマやピリオッドのあるのが多い。「AとすればB、したがってC。」といった調子で、「Bとなり、」や「Cとなる。」を省略した形であっても、式Bのあとにはコンマ、式

Cのあとにはピリオッドで、どこからどこまでが、一つの文章かが、はっきりするようになっている。

これも、心がけたほうがよい。文章の最後は、たとえそれが式で終わってもピリオッド、途中の式にはコンマ、そうすると、いやでも必要に応じて接続詞を入れたくなるだろう。

そして、どういう接続詞を入れるべきか、どこで文章を切るべきか、どこで改行すべきか、と考えだすと、答案の形ができてくる。

式という「単語」、もっと正確にいえば、「名詞節」をつないで、文章にして、コンマやピリオッドを打ち、それから適当に、「であって」という接続詞や、「となる」という動詞を省略したのが、数学の文章なのである。

句読点で減点までする採点者はまずなかろうが、少なくとも答案作製者にとっては、表現のケジメがついて、文章のかかわりぐあいが意識できる。漢文の白文や、句読点なしの古文より、句読点のある現代文のほうが、表現していることが、はっきりするではないか。それがはっきりしたほうが、有利である。

●∴や∵は心して使え

接続詞というと、∴（ゆえに）や、∵（なぜなら）を、実にええかげんに使った答案が多い。ランダムに書かれたとしか思えない。

この記号も、使うことが少なくなって、教科書からも姿を消そうとしている。安易に使いがちだし、なるべくなら、「ゆえに」とか、「なぜなら」と書いたほうが安全である。

たいていは、「A、∴B、∴C、……」とやると、小学生の作文みたいに、「目をさましました。ソシテあくびをしました。ソシテ起きあがりました。……」みたいになるので、「ゆえに」をところどころに使う。普通は、結論の出たあたりで「ゆえにAという結論が出たゾ」という気分で使う人と、証明のいちばんポイントになるところで、「ゆえにB、ここが大事なんですゾ」という気分で使う人がいるが、いずれにしても、ランダムに気分で入れるものではない。

危険なのは、十分条件の証明で、「AであるにはBであればよい。それにはCであればよい。」といった文章の調子でやればよいのを、「B、∴C。」なんてやると、たちまち、5点ぐらい減点される。これは、「BからC」でなく、「CからB」だからだ。

受験生の気分は、「Bは十分条件、ゆえにCも十分条件」というつもりかもしれないが、本当に必要と十分を取り違えてるのもたくさんあって、たいていは、そっちに分類される危険がある。

●書かなくてよいこと、書くべきこと

たいていの答案は、採点者の立場からは、書かなくてよいことがたくさん書いてあって、書いてほしいことは少しも書いてない。

だれがやっても、やり方がきまっていて、どうしたか結果からわかることは、かなり省略してもよい。これは、受験生の苦労のウェイトに関係ない。

たとえば、数の計算とか、式変形の計算とかは、下書きの計算欄でやっておけばよい。ただし、その計算は状況証拠になるから、絶対に消さないでおくこと。

それよりは、なぜそういう計算をするかは、はっきり書いたほうがよい。もっと大事なのは、なにを計算しているかを書くことである。まずい答案だと、「$A_1=A_2=\cdots\cdots=A_n$」とエンエンと書いてあるが、なにをやっているかわからず、要領のいい答案だと、「ナントカを計算すれば、$A_1=A_n$」と書いてある。この、「ナントカを計

算すれば」のほうが、採点者にしてみれば、なにをしているか、よくわかる。もちろん、計算の途中にデリケートなことがおこって、別のナニカを利用する必要が生じたり、ナニカの条件に留意しながら式変形したり、そういうところはキチンと書かねばならない。

おおまかな言い方をすると、採点者の減点のポイントになるようなところは書かねばならぬが、どう転んでも関係なさそうなところは書かなくてよい。

●新しい記号は説明せよ

よく、「$A=x^2+x+3$」なんて、書きっぱなしの答案がある。これは、「$A=x^2+x+3$とおけば」の意味だろう、と想像して、なるべく減点の対象にしないのだが、錯雑してくると、減点に引っかかることもある。もっと悪い場合には、解答者は「Aとおけば」のつもりでも、採点者にそれが伝わらないこともある。

もっとつまらんのは、「$f(x)=x^2+x+3$」である。これは、採点者はたいてい、「$f(x)=$……とおけば」と読み、新しく、$f(x)$という関数fが定義されたのだな、と考える。そして、そのあとで、一度もfが出てこないと、いたくキゲンを損ねる。まあ、採点者のキゲンぐらい損ねてもどうということないが、これだって、減点につながることもある。

「ナントカの条件をみたす二次式の組を求めよ」なんて問題で、「$x^2+3,\ x^2+x$」なんて答を書いておけばよいのを、「$f_1(x)=x^2+3,\ f_2(x)=x^2+x$」と書くヤツがいる。これなら、まだムッとするぐらいだ。しかし、「$f(x)=x^2+3,\ f(x)=x^2+x$」なんて書くと、もう3点から5点はあぶない。アホな受験生で、最後の答で、「$x^2+3=0,\ x^2+x=0$」と書いたりしたら、5点から10点の減点は覚悟したほうがよい。

自分流の習慣でヒトリヨガリはよくない。答案は他人に説明するものだ。

●読みやすい答案とは

答案が採点者へのラブレターである以上、字は美しいほうがよいし、誤字などないほうがよい。しかし、こちらで減点されることもあるまい。

むしろ、必要なのは、文章の使い方である。これは、意味が変わってくることもあるし、意味不明やら、文章がこんがらがって矛盾したりすることもあって、十分に減点の対象となりうる。そこいらは、気をつけたほうがよい。

そうかといって、むやみに文章が多くて、くわしく書きさえすればよい、というものでもない。冗長では、読みにくくって仕方がない。

わりと重要なのは、全体の構成である。段落のとり方、分節の仕方には留意したほうがよい。解答全体として、ある部分がいやにくわしく、ある部分がひどくそっけなく、全体のバランスを失しているのも、よくない。

結局は、解答全体の構造が、よく見えるのが、よい答案である。

普通は、これは減点まではつながらない。しかし、ときには、30点のうちの3点ぐらいは、構文点が入ることがある。

こんなときでも、よほどヒドクないと減点まではされないが、なかには、段落のつけ方や答案の比重のつけ方で、ひどくセンスが悪いのがある。こんなのは、答案が見えてないと認定されて、減点につながりうる。

●答案の刈りこみ方

普通なら、多少はモタモタしていても、正しいことを書いたのなら、なるべく減点しない。しかし、あまりヒドイと、これも減点につながる。

ある方向でなにかをやり、中途で挫折する。「この方針はまずいから、別のやり方を考える」とでも書いてあれば、まだよい。突如として出発点に帰り、別の方向に進んで成功する。答案のある部分は、解答のために何の役にもたっていない。こんな場合、それがヒドすぎると減点につながる。

最初に公式めいたものを並べてあって、そのなかに、なんの関係のないものが入ってるのも、よくない。アホチャウカ、と採点者に思われやすい。

答案を作ったら、ムダな枝は刈りこんでおくことだ。横線を一本、引くだけでよい。誤った方向に進んで、ひとまわりして戻ってきている、ループがあれば、それも消したほうがよい。よくある答案に、式を掛け算で展開したと思ったら、しばらくすると、また因数分解して、元へ戻っていたりする。よく、ヘタな五目並べと言って、「ア、五目並んでいた」というヤツだが、これもヒドイと、やはり答案が見えてない、と認定されて、減点につながりかねない。

答案をよく見て、ムダを刈りこむ技術も、受験技術のうちである。

●正しいことで減点されることもある

理由を書くのに、正しいには違いないが、あまりアホラシイと、減点につながる。たとえば、「xが正なら、x^3が正」なんてのを使うとする。これは、正数をいくらかけたって、正にきまっている。ところが、「x^3を微分すれば$3x^2$、これは正だから、x^3は増加関数、原点で0だから、正」なんて書いてあるのに出あうことがある。アホラシイことだが、試験場の異常心理で、こんなのもあって、まず5点は減点される。「x^3は増加」を言うのに微分するのなら、まだマシだが、それだって正の範囲で、大きい数同士をかけたほうが大きい、と考えたほうがよい。とかく、鶏を割くに牛刀を用いる式のことは、しないことだ。

もう一つアホラシイ例。線分ACのなかにBがあって、面積の「△OAB＜△OAC」というので、これは含まれているのだから、アッタリマエである。ところが、わざわざ垂線OHをおろして、長さの「AB＜AC」から、三角形の面積の公式を使って、というのがあった。これは、減点が5点ですめば、幸福なほうである。

つまりは、数学的良識にはずれていると、いくら「正しい理由」でもよくない。むしろ、このことは理由をつけないと解答にならないかどうか、すなわち、採点者へ自分が解答していることを説得するために、伝達する必要があるかどうか、その判断の良識が重要なのである。

●非常識な逸脱はよくない

問題には、たいていは、条件の限定がある。その枠をこえて、もっと一般的な形で解決しても、その解決がマトモなら、問題ない。むしろ、採点者のキゲンはいいかもしれない。たとえば、「整式 $f(x)$ についてナントカ」という証明が、「連続関数 $f(x)$ についてナントカ」で証明できても、かまわない。

しかし、非常識なのはいけない。吟味を要する問題で、不連続関数だったりすると、頭から問題にならないとする。そのとき、問題が、「整式 $f(x)=x^n$ についてナントカ」というときに、n が負の場合を吟味したりすると、非常識と認定されて、ヨケイな吟味が減点につながる。

これは、「問題をよく読め」ということとは違う。問題の単語に気をつけて、「整式」という限定を見おとすな、というのではなくて、問題状況が整式でないと意味を失うということを、読みとっているかどうかである。

これらの場合、「正しいことを書いて減点されるとは」という、反論はあたらない。

答案の正しさとは、問題状況にたいして、正しい対応をしているかどうかという、解答者の対応の正しさなのである。

答があおうが、論理に嘘がなかろうが、この対応の仕方が悪ければ、正解にはならない。こうしたのが悪すぎると、ミスで答が違った答案よりも、ずっと悪い点数になりうる。

●なるべく決まり文句を使うな

数学には、いくつか決まり文句がある。それは、だんだんと使われなくなっている。たとえば、「なんとなれば」は、いまでは使われていない。「題意によって」だの、「与件より」なんてのも、まず使われない。

しかし、受験生の答案にはよくあるから、高校ではまだ使われているのだろう。こうしたのは、ちょっと調子がよいし、消えるのを惜しむ声もある。べつに、そうした用語を使うのに反対しない。

しかし、受験答案には、使わないほうが安全ではないかと思う。べつに、それが古い表現だからではない。

決まり文句というのは、とかく表現として、安易に流れやすいからである。詩だって、「美しい」ということばをいくら並べたって、美が伝わるわけではない。常套句は避けたほうが、表現に神経が行きとどく。決まり文句を使っているために、表現にしまりがなくなって、解答のポイントが見えにくくなることだってある。これが、間接的に、減点につながることだってある。

直接的に減点につながるほうは、決まり文句の調子のよさに乗せられて、誤用してしまう場合である。問題に関係ない「題意」が出てきたり、与えられてない「与件」が出てきたら、もう減点の対象になる。

決まり文句を、オマジナイにするな。

●受験技術としての答案作製法

どうも、受験技術としては、答案の書き方が、ずいぶん安易に考えられているらしい、フシがある。

最後に、「逆もなりたつ」と書いておけばよいとか、「これはたしかに題意をみたす」と書いておけばよいとかの、たぐいである。そんなのだって、不適切な状況で書けば、逆に減点につながる。たとえば、条件を同値で変えていってるのなら、そう書いたほうがよい。明らかに、必要十分の形で証明してながら、必要条件を出したかのごとく錯覚しているのか、最後に「これは十分でもある」などと書かれたのでは、採点者のキゲンのよかろうはずがない。スジの悪いことをすると、減点の危険がある。そして、「ともかくナントカする」というのは、うっかりすると、悪いスジに踏みこむ。

最初に「なんでもわかったことを書け」なんてのもよくない。センスが悪くって、問題とはアサッテの方角のことが書いてあると、逆に減点につながる。

問題状況の把握がよくって、センスがよければ、そうしたのでもプラスになりうるが、まかり間違うとマイナスになる。そんな安直なかわりに危険なことは、しないほうがよい。

答案の書き方というのは、受験技術としては、もっとオーソドックスな立場でとりくむべきことだ。受験校なら、一年間ぐらい、ミッチリ訓練したってよい。本当は、受験校でなくったって、やってよいことだ。

●数作文の時間

いっそ高校で、正式に「数作文」の時間をもうけるのはどうだろう。

いちおうは、教科書の例題解答をメヤスにしてもよいだろう。これもじつは、あまりよくないこともある。それよりは、最近では数学ジャーナリズムのおかげで、数学者も文章がしっかりしてきているから、『数学セミナー』などの数学雑誌のほうがよいかもしれない。

参考書や問題集の例題解答は、少し省略が多すぎることがある。模擬試験や、通信添削も、そんなに手のこんだことはできないので、少し雑なところがある。まあ、なるべく減点につながらない程度にはなっているが、作文訓練としては、もう少し本格的にやっておいたほうがよい。

それに、これは「模範答案」の真似をするだけでは、上達しない。普通の国語の作文と同じことで、文体の癖はあってよいし、受験生それぞれに、よい文章の答案が作れればよいのだ。

高校数学教師としては、馴れないことかもしれないが、精神は普通の作文と同じことである。小学生に作文を教えるのと同じ感覚でやればよいだけである。

数学というのは、自分がわかるだけでなく、表現して他人にわからせねばならないのだから、「数学の表現」ということも、数学のうちといえる。そして、受験には、これが絶対に必要である。

●数学の文章を書く癖

高校生のほうとしては、数学の文章を書く習慣が、中学までにあまりにもない。高一あたりで、そうした癖が少しでもつくと、グッと楽になる。

それには、べつに難しい問題を解く必要もない。自分に解答のわかっている、易しい問題でよい。それを、他人に意志が通ずるように、うまい文章で表現すればよいのである。

高校で、生徒にべつべつにノートをとらせず、交替でクラス・ノートを作らせている先生があるが、ああした方法も悪くない。ともかく、文章化する癖がなによりだ。

うんと易しい、英語の数学の本を、読んだり訳したりするのも、よいかもしれない。英語のほうが日本語よりも、コンマやピリオッドがきっちり打ってあるし、we have とか we obtain とか、文章になっているのが多いからである。if……, then……. とか、

as とか because とか、接続詞もきわだっている。日本語では見えにくい、and とか but とかもある。

高校生仲間なら、英語の得意な子、国語の得意な子などが、数学の得意な子といりまじって、一緒にやるとよいと思う。センスのよい高校生なら、いまは高校教師でも文章に無神経な人が多いから、先生より上手な数学の文章を書くぐらい、わけがない。

受験用に通用するまでに数学の文章を書く以前に、まず文章を書く癖をつけることだ。

●「受験数学」という数学

いろいろ書いてきたが、答案作製法というのは、「受験数学の最高段階」と思う。すべては、答案で採点されるのだから、答案そのものを問題にすることになるのは、当然である。

ここでは、「数学の論理性を教える」だの、「数学の有用性を教える」だの、崇高めいた話は、いっさいしていない。そんなものは、受験に関係ないからだ。

あるのはもっぱら、「計算違いを直す法」だったり、「答案を刈りこむ法」だったりする。たいていは、人間は誤ったり、ムダをすることを前提として、それに恰好をつけることを目的としている。技術とは、そうしたものだ。

しかし、「受験数学」だって、数学の一種だと思う。それも、むしろ受験技術に徹したほうが、数学としての意味が出てくると思う。これは、人間の生きることはたいてい、そうしたもので、その状況に居直って、状況への対処の技術に徹したほうが、変な道徳的格率にこだわるより、ずっと人間の生き方の意味が出てくる。

たかが受験答案と思うからよくないので、数学者ならだれでも、数学論文や数学書を書いたりするわけで、受験答案はそれと同じだ。いまはそこまでしているところはあるまいが、「数作文」としての文章の良否を採点することだって、理論的にはありうる。

7

大学の数学へ

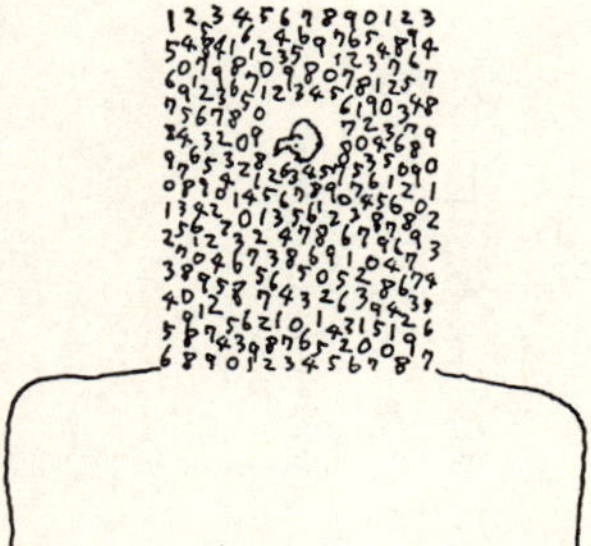

●受験数学から大学数学へ

いくら「受験数学」の達人になったって、それは大学へ入るまでのことであって、大学へ入ってからはなんの役にもたたない、なんてことを言う人がある。たしかに、これは部分的には真実だし、完全な真実でないにしても、大学生になったときは、それぐらいに割り切ったほうがうまくいきがちなことも、事実ではある。

これでは、受験生にとって、ずいぶんと空しいことになるだろう。

しかしながら、「受験数学」といえども、数学である。それが共通していないはずがない。これには、どこかおかしいところがあるはずだ。

大きな原因は、受験勉強について、さまざまの迷信がありすぎて、劣悪なガンバリ主義におちいってるため、肝腎の数学がどこかへ行ってしまうことだろう。そんなにガンバリでない受験をやってれば、これはなんとかなる。

副次的な原因のほうは、大学へ入ってから、数学の勉強のスタイルが変わり、それに大学教師の側にもヘンな癖があったりすることにもよる。しかし、それは表面的なことであって、本質的なことではない。

それで、少しは逆説的ながら、ぼくとしては、ウマイ受験数学をやることは、大学数学にもうまくつながることだ、と希望的でありたいのだ。

●大学数学の癖

いまの大学の数学教師は、たいていは理学部出身の数学者であって、工学部出身の数学者も出てきてはいるが、まだ少数派である。数学を最近よく使いだした学部としては、経済学部があるから、経済学部出身の数学者というのも、これから出てくるだろう。

それで、理学部の癖が強い。理学部というのは、読んで字のとおり、リクツの学部であって、一般的には理屈っぽいのを好む傾向がある。それで、大学の数学は急に理屈っぽくなる、といって学生がこぼす。そのことは、入試問題と採点のあり方にも反映している。それは、受験生のほうでも、当節は多少心得ているらしい。

もっとも、奇妙なことだが、高校教師の平均にくらべれば、大学教師の平均のほうが、枝葉末節の論理なんてどうということもない、と考えているようでもある。おそらくこれは、大学教師のほうが数学に悪ズレしていて、そうした形式的なことをこえて本質を見たい、と思っているからかもしれない。このことの、採点の仕方への反映についても書いた。

ところが、悪ズレするのは一度は論理主義を通ったからでもあって、大学数学を理屈っぽくやりたがる癖は残っている。これに、大学新入生が圧倒される。それは、大学数学あたりで、一度は理屈っぽいのを通りすぎねば、と教師が考えがちだからかもしれない。

●問題はなんのために

大学へ入ってからの、目だつことは、問題を解くことが少なくなることだろう。これは、高校までで、「問題を解くことが数学だ」と考えていたのと、大きな違いになる。ともかく、数学がわかればよいので、それをわかるための手段として、ゲームのつもりで問題をやるもよし、たまには、わかってることをテストするために問題をやるもよし、まあ、こうした態度になる。

それで、「問題練習」にあけくれる、といったことはまったくなくなるし、また、そうした形で大学数学をこなそうと思っても、おそらくダメであろう。この点では、「高校数学」で、そうした習慣を身につけすぎていると、大学へ入ってから、どうして勉強したらよいか、と悩んで五月病となり、はてはノイローゼになったりする。

しかし、本当のところは、大学入試にしても、問題数をこなし、どんな問題でもやったことがある、なんてのは幻想的なことであって、根本がだいたいわかってるから、問題もなんとかなる、といった態度のほうが有利だ、というのがぼくの持説だ。

受験勉強を、こっちのつもりでやってれば、かえって、大学数学へも、うまくつながるのではなかろうか。はじめて見る問題、ようわからん問題、それを苦しまぎれになんとか解答に持っていく、そうした訓練が、数学として悪いはずがない。

●数学を感じる

それに、大学のほうが、表面的に理屈をうるさく言うだけでなしに、状況の感じ方のようなものも強調されやすい。理学部風に言うなら、概念や体系の理念とでも言うところだが、要するにフィーリングのことだ。

これだって、受験数学にとっては奥儀虎の巻あたりで、問題のフィーリングをつかんじゃえば、解答はなんとかなる。ただし、それは奥儀であって、「技術」というより、いわく言いがたし、悟ってくれ、というようなところがあり、それが奥儀たるゆえんでもあるので、いままであまり「技術」として問題にはしなかった。

こういうことを言うと、それは理学部数学科あがり、のようにとられると困る。じつは逆なのである。先日、工学部の若手の連中に数学の使い方の話を聞いた。工学部あたりでは、「ここではこうなってるから、この数学をこう使えばよい」ということは、むしろない。「ここいらはこんな感じだから、この数学のこんな感じを、こんな調子でやりくりしたら」というほうが、普通らしい。むしろ、そちらのほうがフィーリングがいる。

ところが工学部も学生になると、「このときは数学をこう使います」式の、ハウツウになりやすい。受験技術だってフィーリングがものをいうのだから、工業技術なら当然のはずだのに。

●自分は自分流

こうしたことは、多少は制度の変化を背景にしてもいる。

このごろでは、大学でも教科書を使用する人が多くなったが、まだ、教科書なしというのもある。かりに教科書があっても、「教科書って便利ネ。教師はサボッても、学生が教科書読んでくれると思うし、学生はサボッても、教科書に書いてあると思うし」なんて言って、授業のほうは教科書からかぎりなく逸脱する人もある。なかには、「この章、授業してもオモロイことできへんし、トバスわ、読んどいてネ、試験はなるべく、そこから出すから」なんてコワイ人もある。ちなみにぼくは、「教科書自由」方式で、各自が本屋に行って、なるべく友人と重ならないように、「自分の教科書」を自主選択させている。

ここいらは、昔からの名ごりが残ってもいて、昔風だと、大学生にもなって、みんながきまったレールを歩むなんて、といった気分が強かった。

いまでは、さしあたりは、大学入試が、みんなと同じレールを歩めなくなる最初ではないか、とぼくは考えている。自分にあったやり方を見つけ、ともかく自分流にでも、入試でいい点をとる方法を見つけること、それはたしかに「たかが点数」ではあっても、自分で自分流にやることの、はじまりでもある。

●わからんでヤリクリ

そして、大学の授業では、まずたいてい、その場では完全にはわからないのが、普通になる。いろいろと概念が多くなるのだが、そうしたフィーリングみたいなものが、そう簡単につかめなくって当然である。

それで、よくはわからんままに、なんとかヤリクリしていて、そのうちだんだん、感じがつかめてくる、といったのが普通だろう。また、授業というものが、その場でわかるよりも、自分で勉強するために、問題点の所在のキッカケをつかむ、ぐらいの気分が強くなる。

受験数学の場合は、「入試問題」というように、対象がグッと限定されてはいるが、こうした気分はけっこうある。そうは言っても、対象が無限定で、とくに「問題」の形をとらないというのは、大きな相違になる。その点では、受験数学のほうが、ずっとやりやすくはある。

それにしても、「授業で教えてもらう」のではなしに、自分でヤリクリせねばならないという点では、「大学数学」というものは、「高校数学」よりは「受験数学」に似ていなくもない。

この場合だって、自分流の受験勉強を、あれこれヤリクリして、無理をした経験というのは、ムダではないような気がする。そのかわり、きまった方式でわき目もふらずただガンバリの受験生は、落ちこぼれかねない。

●ナマクラな大学教師

一般的には、大学教師のほうが、高校教師よりナマクラである。それに、指導要領なんてものがないから、数学のカリキュラムのほうだって、ナマクラになる。

たとえば、「こういう風に、定義しておくことにしましょうか。都合が悪くなったら、直せばいいことだし」なんて調子で、授業する教師だってある。本来、数学というものは、人間がそのときの都合で、そのときに調子がいいように作っていくものだから、数学そのものがナマクラだとも言える。

しかし、大学生も最初のうちは、「こう考えてもよいし、ああ考えてもよいし、なんて。高校の先生はもっとキッパリとして、断定してくれた」などと、こぼすのがいたりもする。

こういうときにも、「この問題は、こう解くものです」式の受験勉強をしていると、ギャップが大きくなる。入試の場合だと、どんなやり方だろうと、得点につながりさえすればよいのだが、どうもきまった道を教えがちらしい。ベテランの予備校の先生だと、答案を見ると出身校がわかるという。

この点でも、大学へ入ってからのことを考えても、受験勉強はなるべくなら、ナマクラ方式でやっておくのがよいと思う。そのほうが、大学へ入ってからの適応がうまくいく。

そして、大学入試だって、どうせ大学側は受験生のウラをかこうとしてるのだから、きまった方式が有利とは思えない。

●ムダな努力は認めない

このごろでは、大学でも出席を強制するのが増えてきたとはいうが、まだまだ、出席を問題にしない風潮が残っている。「単位修得に関して、出席は重視しない」なんて、ワザワザ履修指針にことわってあるところすらある。

数学の教師は、一般的には、出席を重視しない傾向がある。なかには、「自分で本を読むほうがよい人は、授業なんか来なくていいですよ」と最初の時間に言う、親切には、せっかくわざわざ授業におこし願った学生さんには、それなりに楽しんでいただきたいという、ショーマンシップを持っているが、ある大学で、出席点を単位に考慮してくれと言われたときは、さすがに怒った。「ヨッシャ、オレはサボリやったから、授業に来てないヤツが試験のできんのには同情があるが、授業に出たクセニ、試験のできんヤツは、容赦なく落とすことにする」と、非情に宣言したものである。

それで、「勤務時間」を消化するように授業に出席するのは、あまり効果がない。そうした形式面より、自分がどれだけの実質を獲得するかだけが問題になる。

これだって、受験の精神と共通する。予備校の皆勤賞を持ってきたところで、大学側はハナも引っかけないだろう。ムダな努力はいっさい認めない、大学にはそうした非情なところがある。

●山賊派が有利

そんな調子だから、規則的に予習復習、なんて調子の勉強はまず通用しない。これはまあ、個性もあることだが、どちらかと言えば暴走族型の勉強のほうが通用しやすい。

いったん勉強しはじめたら、一日や二日は下宿にこもって徹夜、学校なんて行くヒマがない、なんてのが有効になる。もちろん、たいていは、そんなのが長続きするはずもなくて、一週間ぐらいは、山をほっつき歩いていたりする。

こうした方式で、コントロールがはずれると、どこへ行くかわからん心配があるのだが、ぼくの見たところでは、そうしたコントロールのへたなのは、ガリベン高校生のなれのはてが多いようだ。たしかに考えてみれば、こうしたのをうまくコントロールできた連中は、たいていは、それなりに受験名人であって、うまく入試を突破してくることが多い。

ただし、大学教師風の忠告をすれば、こうした受験名人は、いくらコントロールがうまいからといって、調子にのりすぎて、それで大学時代をのりきってしまわないほうがよいように思う。これ、いくぶんかは、かつてのぼく自身への自己批判。

それにしても、山賊的に入試を突破をしたほうが、大学へ入ってからは、やりやすい。もっとも、このごろはだんだんと、大学も紳士向きになってきてはいるが。

●強制と放任

それで、大学は高校にくらべて、ずっと不親切である。大学の外では学生が、棒を持ってオマワリとわたりあっていようが、麻薬パーティをやっていようが、大学側は知らん顔である。よく言えば自由、悪く言えば放任。もちろん、自由に伴う危険は、ぜんぶ自分の負担になる。「安全」な強制はしてくれない。

これは、勉強についても同様である。勉強しようと思えばいくらでもできるし、勉強したくなければ、なにも勉強しなくとも卒業ぐらいはできる、とはこれナイショの話。

それでも、ほかによっぽどオモロイことがあればともかく、勉強だって、なんの強制もなければけっこうオモロイものであって、それを味わわずに大学を卒業してしまうのは、ソンである。ただし、それをするには、自分ひとりでやったり、友人たちと自主ゼミ風にやったりしないと、学校を相手にしていたら、まずダメである。

おもしろいことを言う学生がいた。「なにもせんでも卒業ぐらいできることがわかったら、しょうがないから、勉強は自分で勝手にせんならんことになって、そして気がついてみたら、なんと、あの恐怖の受験生時代より、たくさん勉強してしまってるんですわ」

このあたり、受験時代の強制と、大学時代の放任と、外的状況が正反対のようになるのを、うまく使いわけられるかどうかは、大学生活をよく過ごすのに決定的になる。そして、このことの前半は、すでに受験時代にある。

●受験数学の陰画

だんだんと、大学生活全般になりがち、なるべく話を、数学に限定しよう。

高校で、「数学は基礎」と言われ続けてきたと思う。しかし、大学へ入ってからは、「専門学科の基礎として必要」といった心がけで努めるやり方では、つぶれやすいと思う。むしろ、数学だってオモロイところあるもんネ、わからんところだらけだけど、そのわからんところが、またなんとも言えないもんネ、ぐらいの立場のほうがたいていはうまくいく。

この点については、一年後に大学受験がひかえていて、それまでに、合格ができるようにしなければならないのと、大きく違う。むしろ、時間の限定はまったくない、ぐらいに考えたほうがよい。

これは、受験数学との関係としては、デリケートな問題である。いままでの受験技術で、時間の意識を強調してきたのだが、時間意識を超越するのが、より高級な受験技術だという説もあるからだ。少なくとも、ある一定時間は、すぐに解答にとりかかるより、問題に没入する境地のあったほうがよい、というのはもっともな説としてある。ただし、そうはいっても、「ある一定時間」という限定があるのが試験場だから、このコントロールが高級な技術ということになる。

しかし大学に入ってしまえば、時間とか効用とかを気にしないこと、受験数学では陰の部分にかくれていたことが、重要になってくる。

●だれでも一度は挫折する

こうした大学の数学について、それを教えている大学教師のほうも、学生時代に一度も挫折した経験を持たない人は、まず、いないだろう。どんなに、高校時代に数学の「天才」を誇っていても、だれでも一度は挫折する。

わかっているつもりのことがわからなくなりだしたり、どうしても解けない疑問にぶつかったり、ヘンに「自信」を持っていたりすると、その自信のゆらぐ局面に出あうものだ。

そうした挫折を、うまく乗りこえたり、適当にいなすことが必要なことは、心得ておいたほうがよい。この点では、受験時代に、まったく挫折経験のないのは、かえって危険かもしれない。

もともとが、数学というものは、わからないなかから、なんとかヤリクリしていくものである。大学入試の場合は、そのヤリクリする時間が二時間半ぐらいに限定されているが、それが一週間とか一月とか、あるいは一年とかの長期戦になると、たしかに受験の短期戦とは様相が変わってはくる。ある程度は、ノンビリかまえないとだめなところもあって、ノンビリしてられない受験期と違ってくる。

それでも、そうした違いはあるにしても、受験にしても、挫折しかけるのを、なんとかうまくヤリクリすることだ、と考えられなくもない。べつに、自信満々の受験生になる必要はないのであって、多少は動揺しながら、大学へもぐりこめばよいのである。

●ジックリも悪くない

こうした点では、受験技術の気分と少し違うともいえる。受験技術について、どちらかというと軽薄ムードで書いてきたが、たしかに受験は、少し軽薄なオッチョコチョイぐらいのほうが、有利な面がなくはない。

しかし、やっぱり軽薄は軽薄であって、ジックリしたよさにかなわない。大学あたりで、表面的にスイスイと理解したツモリになっていたのが、ボロが出はじめることもよくある。なかなか理解できなくても、ゆっくり時間をかけた理解は、やっぱりジックリやっただけのよさがあるものだ。

ただ、入試の場合だと、仕方がないから、なるべくならボロをかくして、軽薄にでも、やってのけねば仕方があるまい。かりに、大学へ入ってからボロが出るにしても、だ。

ジックリというのは、普通よく言われる意味での「コツコツ勉強」とも、少し違うような気がする。わかった気のしたのが、またわからないことに気づいたり、ときにはあと戻りしてたしかめてみたり、コツコツと進むというより、ブラブラと行きつ戻りつする、といった気分のほうがピッタリする。

できれば、受験勉強以前に、こうした数学の作風が身につけられたら、申しぶんない。さきのほうを見てあわてるばかりが、数学の勉強でもないからだ。もっとも、ぼく自身だって、若気のいたりで、そうした余裕は持てなかった。これはとても難しいことかもしれぬ。

●重要さの弁別

これも高級なことだが、受験時代から、数学の内容として重要なことと副次的なことが、判断できるようになっていると、とてもよい。これは、受験参考書にあるような「試験に出る重要事項」のたぐいではない。たとえば教科書を見て、重要な節と副次的な節とを判断することである。これは、どこが重要かと教わることではなくて、自分で重要さを判断することに、意味がある。よく、試験の前にヤマをはる、あのヤマを当てる能力に近い。

これができる受験生は、きわめて優秀な受験生であり、受験名人でもあろう。よく、「高校までの数学はよくわかったのに、大学へ入るとサッパリわからなくなった」と言う学生がいるが、こうした判断は、「よくわかる」の重要な部分と言える。

受験技術として、ここまで要求するのは、高級すぎると思うが、少しでもそうした心得があると、受験に有利なだけでなく、大学へ入ってから、ぐんと有利になる。隅から隅までわかる、それも表面的にだけわかる、といった完全主義よりは、枝葉の副次的なことはともかくも、本質だけはできるだけ深くわかる、といったほうがよい。どうせ大学へ入ると、完全主義者は挫折する。

こうした判断があると、受験に関しては、「なぜこの問題が意味を持つか」と、問題の意味の把握が的確になるのである。

●受験道の奥儀

結局、大学へ入ってから直接に有効性を持つような受験技術というのは、たしかに入試に有効なものでもあるが、かなり高級なものであって、あまり一般的だとはいえない。それは、いわば受験名人向きの、受験道の奥儀ともいえる。

しかし、こうした受験「高級」技術にしても、それをマスターするまでにならなくても、受験「初級」技術の段階でも、知っていてよいことだと思う。実際に身につくまでにならなくとも、受験本番で気分的に有利に働く。そうした神経があるとないとで、入試にも大違いだろう。

そして、もっとよいことは、こうした気分を少し持ったままで、大学へ入れば、大学へ入ってからの五月病に免疫ができる。受験というのは、合格しさえすればよいようなものだが、入学した途端にノイローゼになったりしたらムダな話で、受験時代から、そうした予防をしておいたほうがよい。

ぼくは大学教師だから、本音をはけば、どうせ定員だけ入ってくるので、べつにキミに入ってもらわなくても、だれかが入学してくるので間に合う。そのかわり、入学した途端に発病されては、やりきれない。

もちろん、五月病予防のために、受験技術があるのでないし、ぼくにしても、五月病予防法を書いてるのではない。ただ、受験技術はよいほうが、入学後もよいということだ。

●受験数学のなかの数学

受験技術の習得が受験勉強の目的ではなくて、もちろんのことに、大学合格が受験勉強の目的である。技術として劣悪でも、合格しさえすれば、一応はよい。ただし、あまり劣悪だと、入学してから五月病になる。

受験技術が奥儀にまで達していれば、受験数学がそのままスムースに、大学数学に通ずるかもしれないが、そこまでする必要はない。ただ、そうした方向をにらむぐらいで十分である。

受験数学から大学数学へ、というのを端的に表現すれば、「問題の解き方」をいくら知っていても、大学へ入ってからはほとんど役にたたず、「解き方のわからない問題へのとりくみ方」のほうだけが、大学へ入ってから役にたつ、ということである。こうした視点からだけ、受験数学が大学数学につながる。

こうしたことは、受験数学のなかの〈数学〉である部分が、つながっていくのだ、と言うこともできる。行列を計算したり、関数を微分したりすることの背後にある、そうした〈数学の精神〉、それが伝わっていくのだと思う。

もちろん、〈数学〉というものは、いろいろな概念が組み合わさって理論を作り、計算してさまざまの結果の得られる体系として存在しているから、それなしに「精神」を語るのは空虚なことだ。しかし、生命として伝わるのは、こうした〈数学の精神〉のほうである。

8

数学という学問

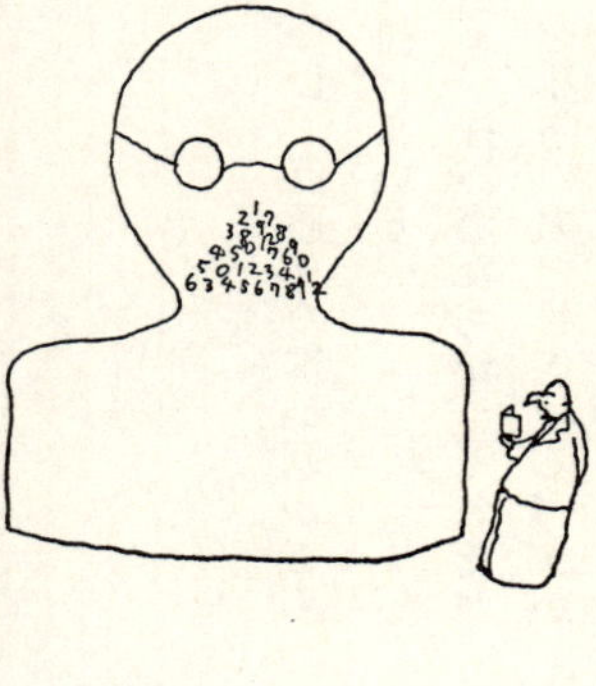

●数学とはなにか

数学とはなにか、この問いを百人の数学者に投げかけたら、百通りの答が返ってくるだろう。みんな、それぞれに、数学についての思いを持っている。

採点基準でもめるのも、そうしたことによる。採点者たちが、それぞれの数学観を持っていて、答案のなかの、どうしたところを数学の力として見るべきかを、議論しあうからだ。

しかし、その一方で、ある程度は議論が収束して、妥協点が見つかるのは、数学者仲間で、ある程度までは、共通の了解があることによる。おそらく、それは漠然としたものであるにせよ、そこに数学というものがあるのだろう。

それにしても、「世間で数学と思われているもの」については、とくに「数学とはこうしたものだ」と主張されたりすると、「それは一面的だ」と、異議をさしはさみたくなる。

ぼくの数学についての考えにしても、そうした百通りのうちの一つかもしれない。

ただ、その百通りを耳にする機会はたっぷりあったし、「数学とはこうしたものだ」というのが、たいていは「数学についての迷信」から来ているのを知っている。

そこで、せめて、そうした迷信からは自由になってほしい、と思う。数学について、開かれた心を持つことは、受験にだって、ムダとは思わない。

●きらわれものの数学

数学のように、あとで役にもたたないのに難しいものを、やらされるのはたまらない、と文句を言う高校生はよくいる。

しかし、考えようによっては、源氏物語だって封建制だって、べつに役にたたないし難しい、とも言える。そんなことを言ってれば、学校で勉強することなんか、なにもなくなってしまう。

たとえば、ギターの好きな高校生はよくいる。これだって、あまり役にはたたないし、コード進行なんてけっこう難しい。それでも高校生はおもしろいから、それを好む。楽譜を読めるようになっておくと将来に有用ですとか、音楽は人間の情操を高め心を豊かにします、なんて言うのは教師のお説教だけだ。彼らは、おもしろいからやってるだけのことだ。

ぼくは、若者というものは、なんの役にたたなくとも、少々は難しくとも、おもしろくさえあればやるものだ、と考えている。

それでぼくは、数学は将来に役にたちますとか、論理的にものを考えられるようになりますとか、お説教する気はない。「役にたたなくって難しい」と言っている高校生に、そんなお説教をしたってムダだ、と知っているからだ。なぜなら、彼らは、「数学はつまらない」ということを、そうした言葉で表現しているにすぎないからだ。

ぼくとしては、そんなに数学が嫌われてるのが、かわいそうでならないのだが。

●問題にはアソビ心を

実際に、大学入試の問題が解けるようになったって、それが直接に役にたつことはない（大学へ合格できるということでは、おおいに役にたっているが）。

たとえば、微積分がわかることは、たいへんよいことだ。それは、近代ヨーロッパというものの特質の一部をなしていて、近代というものを知ることにつながっている（ただし、そんなことはあまり高校でやらないし、高校生にはとらえにくいだろう）。

とくに、指数関数や三角関数を微積分を通じて理解することは、指数的変化や波動的変化の法則をよく理解させるし、将来に有用だろう（ただし、それは数IIIであるうえに、あまりそうした方向で問題を作ると、高校の範囲をとびだしてしまうので、あまりよい問題は入試に出ない）。

それで結局、微積分というと、もっぱら三次関数や四次関数が出るのだが、これはそれほど、あとで使うものではない。「微積分の理念とは」とお説教されるだけでは空しいから、それを身につけるためのゲームのようなものだ。案外に、人間というものは、ゲームとしての問題解きに興じているうち、大事なことが身についてくる。しかし、ゲームとは本来は無償のものだ。それが強迫になったのでは、おもしろくもない。受験という強迫的ゲームでは、これは困ったことだが、多少のアソビ心は、受験にとっても有利だろう。

●数学は閉じない

そしたら、数学というものは、「数学者」といわれる特別の連中だけが興ずるゲームか、というと、まったくそうした面がないとは言わないが、少なくとも、「特別の人間」だけのためにあるのは、とても悪いことだ。人間それぞれに、数学ゲームを楽しめる能力はあると思う。

そしてまた、実のところは、ゲームにだけ閉じこもっていては、つまらなくもある。人間の文化というものは、なんでも多少は、ゲームといおうかアソビといおうか、そうしたところがないと、文化として生き続けられないものだ。しかし、そうした文化が、それに固有の世界を開いていくから、文化と言えるのでもある。

数学者はよく、そうした世界のことを、「数学の世界の美」などと言いたがる。ぼくの少年時代、酷薄な戦争から数学の世界に逃れたがったのには、そうした「美への憧れ」めいた心があったものだ。しかし、いまとなっては、それはむしろ気恥ずかしい。

「数学の世界の美」というのは、数学者の世界を特権的に閉じることになりやすいのを、ぼくはとても危険なことと思っている。少年の一時期、それに魅せられるのはよいが、数学をそんな特別のものと思いたくない。

一方では、数学というものが、他の諸科学と交わりながらでなければ生まれなかったことも、歴史的な事実なのである。

●多様化する数学像

　とくに現代は、数学像がもっと多様になるべき時代だ、とぼくは考えている。大学の数学教師は、理学部数学科の出身者が多いので、そこにありがちな「純粋数学」重視の価値観を持ちすぎている。

　ぼくだって、そうだった。教養部でいろんな学部の学生に教えるようになって、そして工学部や農学部や、経済学部や文学部や、いろんな学部の先生とつきあうようになって、自分が「理学部数学科」風に偏向していることに、気づいたものだ。

　工学部系の技術者の考える数学観、経済学者や生物学者の考える数学観、それらが入り混じるものとして、現代の数学はあるべきだろう。計算する手段と考える立場もあれば、アイデアを引き出す導きの糸と考える立場もあれば、理論を整理するための特別の言語と考える立場もあろう。

　それらのどれかだけをとるのは、これまた偏向して一面的である。しかし、そうしたものを無視するのも、偏向して一面的である。

　これらの一面だけを取り出せば、それを「数学の有用性」とすることはできようが、むしろぼくは、そうしたさまざまのものと、交わりあうことで、現代の数学というものが生きているのだと思っている。

そうした意味では、数学のなかには、無償性と有用性が、交響しあって、全体を作っている、とぼくは考えている。

●人間くさい数学

若いときに、数学に夢中になった数学少年時代を経験した数学者はよくあるが（といっても三分の一ぐらいか）、一生を通じて数学以外は目もくれない人は、あまりいないように思う。歴史上の数学者を見ても、そうだ。

むしろ、文学とか音楽とかに関心を持つ人が多いように思う。劇場とかコンサートとか美術展とか、そうしたところで偶然に会う同僚にしても、他の専門の人よりも、案外に数学の人が多い。

これは、自然科学系といっても、実験室にこもりきり、といったぐあいにいかず、頭のなかでモヤモヤを飼っておかねばならない、数学の習慣によるのかもしれない。そうした意味では、数学というのは、案外に人間くさい学問である。

大学入試のころに、国語や社会が苦手だったという数学者はよくいるが、そのうちに、文学好きになったり、歴史好きになったりしている人も多いように思う。若いときは、多少は偏向してでも、なにかにだけ夢中になるのが、むしろよいことでもあるのだが、人間というものが、自分の発想そのものにたよろうと思いだすと、その発想を少しでも豊かにしようと、いろいろなことに関心を拡げだすのは、自然なこととも言える。

いや、そんなに目的意識があるのでなく、数学というものの底の人間くささが、やがてそうした文化的関心に駆りたてるのかもしれない。

●数学は論理か

普通は、数学というと、定義から始まって、定理に証明と、ひどくキッカリしているように考えられている。そうした冷たいイメージは、人をひきつけるとも言えるし、人を反発させるとも言える。これも、数学の外貌である。

その一方で、実際には、この逆であることもある。実際に数学を作っていくとき、問題状況がウスボンヤリとしていたのが、だんだんとハッキリと見えてくる。それを整理した内容が証明の原型となって、それをまとめた命題として定理が作られ、それを体系づけるために定義が生まれる。つまり、まず証明の内容が先にあって、次に定理が作られ、最後に定義がきまる、そうしたことも普通である。活字にするときは、そうした数学形成を逆向きに整理することが多い。

なかには、岡潔とかルネ・トムとか、「数学ちゅうのはわかればええんで、証明なんかいらんのや」と、極左的言辞を吐く人もあるが、これはあまり大衆的でない達人の言であって、大衆の説得の論理として証明はある。

もっとも、証明されたって、わかるものではない。証明を読んで、「たしかにそうなるみたいやけど、もひとつ腑に落ちんな」と、なおも思案投首のことは、よくある。「もっとよくわかる証明」を求めるのは、定理が正しいかどうか以上に、それを了解することを求めるからだろう。その意味では、論理は手段の一部のような気もする。

●易しいからわからん

その「人間にとって、なにかがわかる」というのは、不思議なものだ。その点で、「数学がわかる」には、そうした不思議さが、きわだって出ているような気もする。

だれでも経験することだから、べつにエライ数学者の言というほどのこともないが、よく言われることに、「数学というものは、わからんうちはひどく難しいのに、わかってしまうとひどく易しい」ということがある。

わからんで苦労しているときは、こんなことがわかる奴はどうなってるんだろ、ぐらいに思っていたのが、そのうちに何年かしてわかったあとは、なんであんな易しいことに、自分は苦しんでいたのか、と不思議になる。

ちょっと逆説的ながら、いちばん原理的で、いちばん単純で、いちばん易しいことというものは、わかってしまえばどうということはないが、なかなか「わかる」状態に到達できないのではないか、と思う。それよりは、複雑で難しいことのほうが、苦労すればそれだけわかりやすかったりする。人間というものは、単純なことをわかるために、複雑なことで苦労するようなところがある。

ぼくには、数学がなかなかわからんのは、それが易しすぎるから、あまりにも単純すぎるからのような気もする。

こんなことを言っても、受験生のキミには気休めにならないかな。

●計算も証明も

そうした意味では、数学には計算もいらん、証明もいらん、という達人の極左的言辞も、もっともなような気がする。

実際に数学の歴史を見ても、一八世紀から一九世紀にかけては、計算だらけで、計算地獄の果てが、なにやら見えにくくなってきた。それで、なるべくなら計算せんでもわかるような理論を作ろうとして、抽象と論理を重んじる現代数学の形になってきた。しかし、この一九世紀から二〇世紀にかけては、論証だらけで、論証地獄の果てが、なにやら見えにくくなっても来た。

コンピューターの発展で、計算というものが、人間の直接的な手の及ばぬところでなされるようになってきたが、最近の話題の一つは、四色問題という懸案の問題が、人間にはとても手に負えぬヤヤコシイ手続きで、コンピューターを使って証明された。これは、現代にとって、象徴的な気がする。

しかし、やはり人間の段階として、手で計算し、頭で証明するのが、基礎としてある。数学とは計算だとか、数学とは証明だとか、きめてしまうのは一面的だと思うが、それが基礎になっているのは、否定しようもない。

ただし、結局は、最終的に数学の世界が見えればよいのだ、とは思う。どれだけ、その世界を見ているか、それを答案の計算やら論理やらから判断しようとしているのが、はなはだ矮小ながらテストというものだろう。

●ニブイことと自慢

受験ということでは、計算の手の速いのは、それほどのこともないが、多少は有利でないこともなく、論理の頭の速いほうは、これはかなり有利になる。それはかなり困ったことだが、大学入試というものの性格で、どうにも仕方がない。

困ったことと言うのは、手が速かったり、頭が速かったりするのは、どちらかというと表面的なことで、問題なのは、数学の世界を獲得するほうだからである。それには、その人なりの発想を持ち、その人なりの感覚を持つほうが、むしろ重要になる。数学者としてのキャリアということでは、まだ、運とか持続とか、いろいろなファクターがあるにしても、表面的な手や頭だけでは、どうにもならない。

大学へ入ってからは、手の速さのほうはますますたいしたことでなくなるが、頭の速さのほうはなおも有利である。もっとも、数学者仲間では、頭のニブサを自慢したり尊敬したりする風習がないでもなく、大学院入試あたりでは、表面的に頭の速いのは、案外と人気がない。

それは、手が速かったり頭が速かったりすると、とかく表面的に上すべりして、自分の世界に深く錨をおろすことがないからでもあろう。ニブイと、なかなかわからないという能力のために、錨がしっかりすることが多い。

だから、受験下手を、それほど嘆くこともない。

●数学の才能とは

「数学者になるには、特殊な才能がないとダメ」というのは、まずウソである。この場合の「才能」というのは、たいてい「頭のまわりの速さ」のほうであって、それはある局面では有利に働くが、逆に作用することだってある。歴史的な数学者でも、ニブイ人とサエテル人の両方があるが、サエテル人のほうだって、そのサエをうまく感覚が統御したという感じで、「頭のサエ」だけとは思えない。

ただ、「才能」のあるほうが、さしあたりは有利であることは否定しない。ニブイ数学者が尊敬されがちなのは、そうした不利な状況をなんとかしながら、数学者になったことについての尊敬も多少はあろうが、彼らが数学者として立派なことは、そうしたキャリアに無関係に、たしかなことである。

それで、「頭のヨイのが、数学ができる」、もしくはその逆の、「数学のできるのは、頭がヨイ」なんてのは、まず迷信だと思ったほうがよい。

そうした意味では、べつに大学入試に数学をやらなくてもよいし、そのほうが数学だって救われるんじゃないか、という意見も数学者の間にはある。しかし、年号だの化学記号だのを、ただただ記憶するのにくらべれば、まだしも、数学の試験のほうがマシだと思う。

それはなんとかヤリクリできて、鬼軍曹たちのウラをかく手が、いろいろと考えられるからだ。

●ツミアゲ信仰

そんな調子だから、「数学はツミアゲだ」などと、あまり言いすぎるのも、どうかと思う。

高校数学にしても、高校入試で苦労した、中学数学の「幾何の論証」なんて、直接的にはあまり関係ないだろう。高校数学のなかで見ても、数Ⅰで因数分解が得意になるかどうかは、微積分の理解にはほとんど関係ない。

もちろん、数学の力といったものが、年月を経てついてくるものではあるが、直接的なツミアゲ信仰のために、落ちこむこともあるまい。

なんらかの意味で、数学を使う必要が生じたときもそうである。基礎から学びなおす、というのは原則かもしれないが、たいていは間に合わない。使うかもしれない数学を、全部準備しておく、なんてこともできない。それで、必要になったときは、そこに必要な数学をやる、そして基礎のほうはだんだんと補充していく、そのほうが普通だろう。

これは、たしかにムリをしているのだが、人間たいてい、ムリがなんとか通るものだ。それに、シコシコとつみあげてなくても、あるとき急に、ぐっとのびるというのが、人間の便利なところだ。

とくに若者は、そうした頭のノビがある、とぼくは信じている。数学ダメ人間だって、急にのびることがあるものだ。

●中年になってからの数学

ぼくはやっぱり、数学に愛着を持っているので、正直なところを言えば、キミが受験数学に精根を使いはたして、大学へ入ってからは、これきりで数学と縁切りになってしまうぐらいなら、大学に失敗したところで、これからの長い年月、数学とつきあう気持ちを残してほしい。数学ぎらいの優等生より、数学ずきの落ちこぼれのほうを望む。しかし、これは受験技術の本だから、そうも言えない。

しかし、かりにキミが数学音痴を自称して、受験数学がイヤで仕方がなくても、大学に合格したあとでは、気が変わることを、しつこく期待したい。人間というものは、とくに若者というものは、あとで気が変わると、またどうなるかわからんもんだ。

実際に、数学が大の苦手で大学へもぐりこんだ学生が、アルバイトで数学を教えてみたら、数学好きになった、という話も珍しくない。学校時代は数学が大嫌いだったオジサンが、中年になってから数学ファンになっている、という話だって聞いたことがある。

三十代には三十代の数学についての考えがあってよいと思うし、四十代には四十代の数学についての考えがあってもよいと思う。いまは、さしあたりの大学入試で頭がいっぱいなら、それはそうでも仕方がないとして、自分の長い未来まで、きめてしまわないでほしい。

●若者の学問

しかし一方で、「数学は若者の学問である」というようなことも、よく言われる。実際に、若者がすばらしい研究をすることが、珍しくない。年をとった数学者のほうも、それなりにおもしろい人が多いが。

これは、若者の柔軟でシャープな頭脳が、数学に向いているのだ、というようなことが言われる。そうした面もあるかもしれない。

むしろぼくには、若者はモノを知らないことが、有利になっているのではないか、と思えることもある。問題にとりくむ「定石」を知らず、武器になりそうな「理論」も知らない。そうしたものだけで問題が解けるなら、これだけ多い世界中の数学者がやってるのだから、その上を行かねばならぬことになる。

ところが、若者はモノを知らないから、自由な発想で、とんでもないことをやってのける。そうした新しさが、創造というものだろう。

このことも、数学というものが、単なる「ツミアゲ」でないことの証明であろう。ツミアゲだけでいけるのなら、若者が老学者にかなうわけがないからだ。

こんなことを、受験に結びつけるのは、少し強引すぎるかもしれないが、受験にしても、他の受験生と同じ方法で、彼らの上を行こうと思っていたら、何年も浪人した連中にはかないっこない。これだって、若さの勝負なのだ。

●王道は自分の道

「数学に王道はない」というのは、ギリシャ以来の標語である。しかしぼくは、だれもが同じ道を歩まねばならぬ印象の、この標語がとても嫌いだ。歴史的事実としても、学問として固定してしまって、王道のなかったギリシャ幾何学は、この標語の段階で閉塞し、千数百年後に、デカルトによって見いだされた新しい王道によって、近代ヨーロッパ幾何学が発展したのである。

結局は、王道というのは、自分自身の道のことだ、とぼくは考えている。そして、そうした王道を求めることが、文化というものだ、と考えている。

もちろん、そのために、古人の築いた道を無視できるものではない。デカルトのような「巨人の肩にのることで」数学が見通せるようになったと言ったのは、次の時代の巨人ニュートンだった。そしていま、デカルトやニュートンの持った数学の世界を、比較的簡単に手に入れられるようになっている。これは、とてもたいしたことである。

それでも、「王道を求める」のが、人間の本性である。数学が人間の文化である以上、当然に、数学には王道がある。それは、その人間が自分の道として見いだしていく、その道である。

最後がお説教じみるのは、心苦しいことだけれど、受験にだって王道はある。それはキミ自身の道であり、それは自分自身で見つけていくものだ。

●数学をきらわないで

ぼく自身、「数学が好きか」ときかれると、グッとつまるようなところがあって、数学少年の時代のように、「数学大好き」とは手ばなしでは言えない。長年連れそった古女房のようなところがあって、愛憎入りみだれた思い出が、それを屈折させる。

でも、せめて、数学を毛ぎらいしないでほしい。長年つきあうと、いろいろなところが見えてくるかもしれないが、そうした屈折も含めて、そんなに捨てたものではない。つきあってみれば、それまでイヤなところと思っていたのが案外によく見えてきたり、そのかわりに、その魅力と思っていたものがハナについてきたりもする。それらすべてを含めて、数学というのも、おもしろいものである。

この点では、単に「若者の学問」とだけは言えないよさもあるものだ。だから、若いときに、数学なんてキライ、ときめつけないでほしい。

ちょっと神がかってはいるが、数学に心を閉ざしているよりは、数学にたいして心を開いていたほうが、受験場にあっても、運命の女神がほほえみかけてくれそうな気がする。こちらが心を閉ざしていたのでは、試験場でのツキも悪くなるものだ。

精神訓話的にいうなら、そうした心の豊かさ、心のやさしさが、要領も度胸も、そして運までも呼びよせてくれよう。

幸運を祈る。

ティー・ラウンジ

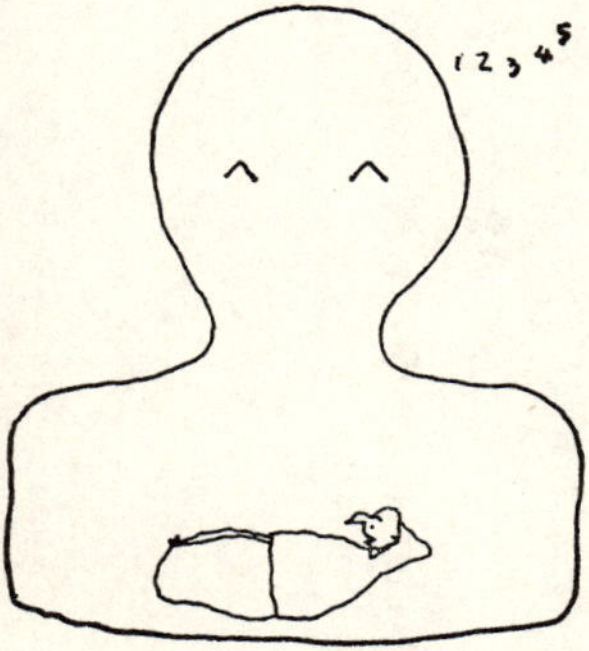

ありのままの個性的

だれでも、自分が自分であることを望み、個性的であろうと願っている。そしてその一方では、自分が他のみんなと違った、自分であることを恐れている。

本当は、「個性的」であろうと思って、個性的になれるものでもない。それはたいてい、「個性的」といわれる一つの型に、自分をあてはめていることだったりする。人間にとっては、「個性的であれ」などと言われても、どうしてよいかわからないものであって、「個性的」とよばれる型を持ったほうが楽なのだ。しかしそれは、本当に個性的なわけではない。

それでも、青年期に向けて、個性的であろうと試みることは、よいことだ。かりにそれが、一つの型にすぎなくても、あるいは、個性的であろうとして挫折したり、個性的であることから逃避することも含めて、自分にとって個性とはと、考えるのはよいことだ。それは、自分が自分であることの、あかしでもある。

そこでは、ときに悩むことがあったり、どうしたら個性的な人間になれるかと、模索することもあるかもしれない。それはじつは、「個性的」であること以上に、自分というものを意識していく、一つの過程である。そうした意味では、「個性的」であるかどうかなんて、本当はたいしたことではなくて、自分というものが確立していくことが、大事なこととも言える。

そしてじつは、個性というものは、人間のひとりひとりに備わったもので、その個性がありのままに出ていることが、本当の意味で個性的である。むしろ、本当の自分が出せないから、没個性的にもなるのだ。

もちろん、人間はまわりの社会を気にするものであって、自分をよそおうことも含めてしか、社会のなかで存在できない。無理につっぱって、自分のよそおいを捨てようとしても、捨てきれるものではない。そうした、社会とのかかわりも含めて、自分というものはある。

たいていの場合、つっぱったり、いじけたりしていては、自分の個性は発揮できない。つっぱるまいとするのが一種のつっぱりだったり、いじけまいとしてそのことにいじけたり、なんてことまで問題にしだすと、ちょっと言葉の遊びみたいになるが、ま、そうしたことまで含めて、気楽に自分であるようにしなくては、本当の意味で個性的にはなれないものだ。

そして、ありのままの自分を出すことへの不安が、「個性的」を一つの型にしたり、あるいはそうした型から逃れる道へ向かわせたりもする。

それでも結局、自分とはありのままの自分しかない。それを自覚したとき、きみは個性的なきみになる。

（80・4・13）

他人のめいわく

「他人にめいわくをかけない人間になれ」と言われている。しかしぼくは、こうした言葉に、どうも、うさんくさい感じを持ってしまう。

まず、人間というものは、かならず他人にめいわくを、かけあって生きていくものではないだろうか。早い話が、きみが志望の学校に入学したとすると、きみが入学したために合格定員からはみだして、落第する人間がかならずいる。彼にとって、きみはめいわくな存在だ。

いままで、たいていのおとなは、そうした意味では、他人にめいわくをかけて生きてきたはずだ。それを、「他人にめいわくをかけるな」なんて、どうもしらじらしい。

受験とか就職とかいった、制度的なものを否定したところで、やはり、めいわくをかけあっている。きみの友人は、きみにたいして気をつかうし、きみの親は、きみを育てるために苦労する。ただし、こうした場合では、きみがめいわくをかけることが、きみと他人との人間関係であって、それがそうした友人とか親とかいった他人と、きみとの関係をとりむすんでいる。

つまり、人間というものは、めいわくをかけあいながら、他人との関係をとりむすんでいくものだ、とぼくは考えている。めいわくをかけることを断念するというのは、関係を断ちきることにひとしい。

実際には、「他人にめいわくをかけていない」と断言する人だって、他人と関係を持ってる以上は、そうに違いない。そこでは、むしろ、自分の存在が他人との関係では、めいわくでもあるという自覚がない、といった、むしろ思いあがった態度を、ぼくは感じてしまう。

生きていくということは、山の中で隠者にでもなるのでないかぎり、他人にめいわくをかけずにはおれないものだ。隠者になるのにさえ、あるいは自殺してさえ、彼に家族や友人があったとしたら、彼らにとってのめいわくになりかねない。

しかし、ここでぼくが言いたいのは、逆の問題である。他人のめいわくになるのではないかと、いじけることはつまらない、そうしたことを主張したいのである。とくに、なんらかの障害などを持った人間にたいして、これは差別をうみだすのに役だっている。

どんな人間だって、他人にめいわくをかけずにおれないのだから、ひっそり生きることなどを、目ざしてはいけない。他人にめいわくをかけながら、他人との関係をとりむすぶことが、きみが生きていくことだ。

みんなにめいわくをかけることで、みんなと関係をとりむすんで、そして、この人間の社会をみんなで作りながら、生きていこうじゃないか。

（80・5・18）

やさしさの時代

いま「やさしさの時代」という。どうやら、おとなたちは、その言葉に少し皮肉な響きをこめているのかもしれない。ところが、あいにくなことに、ぼくの中学校時代は戦争中だったので「りりしさの時代」であったものだが、それよりは、いまのほうがずっとよいと思う。

もっとも「やさしさ」のほうも、このごろは少し風化して、なにやら道徳じみたかおりがつきはじめた。優者が劣者にたいして、思いやりの心を持ってやれ、といったぐあいに。

本来のやさしさとは、そんなものではないと思う。競争にかりたてられたあげく、勝者が敗者にあわれみのまなざしを投げる、そんなものが、やさしさとは思わない。むしろ、敗者が勝者に向かって、あんなに勝つために無理をして、勝ったあとは空しいだろうにと、もしもそれが負け惜しみだったらつまらないことだが、それが本心のものなら、そちらのほうが、まだしもやさしさというにふさわしい。

人間の本質、では大げさすぎるかもしれないが、人間の心の底の、なんといったらいいか、人間のさびしさとでもいったものへの思い、それがやさしさだろう。人間が生きていくには、よそおわねばならず、ときには争ったり、なにかを思いつめたり。しかし、それらの底を流れているものに思いをよせるとき、やさしさはある。それは、勝者とか敗者とかいった関係を空しく思ったときに、はじめて現れるものだろう。ただし、それらが空しいからといって、けっしてニヒルになることではなく、それでも生きていくのが人間であって、そうした人間を肯定するのでなくては、やさしさは生まれない。

それゆえに、やさしさを持ち続けるというのは、たやすいことではない。やさしさだけで生きていけるもんか、と言われたなら、その通りだろう。それに、もしかしたら、やさしさなどを気にしないでいける時代が、いい時代なのかもしれない。

それでも、今の時代、若いきみたちにも、いろいろと抑圧があるのは事実だ。そうしたぎすぎすした関係があるだけに、その底のやさしさに目を向けることが必要にもなる。とかく割り切って考えることを強要されがちなだけに、心の屈折をやさしさに託することが必要にもなる。「やさしさの時代」とは、そうした時代だ。

かつて、「りりしさの時代」では、そうした、人間に目を向けることより、なにか栄光といった、ぎらぎらしたものに、みんなの目を引きつけようとしたものだ。

それよりは、やはりぼくは、いまの「やさしさの時代」のほうが、ずっとよいと思うのだ。

（80・2・3）

ケシカランとオセッカイ

中学から高校あたりは、人間の心のあり方も、ずいぶんと変わる時期と思う。ぼくの中学時代を思いだしても、中一と中三とでは、かなり変わったようだ。

中一のころのぼくは、なにかにつけて腹をたてることが多かった。世のなかのあり方がおかしい、他人のとる態度がけしからんと、憤慨したりしていた。

ところが、中三ぐらいには、なぜかしら、腹をたてる自分が、あほらしく思えてきた。考えてみると、だれかのために腹をたてたりしているのだが、その当人は一向にけろりとしていて、腹をたてるのはおせっかい、と思っていたりする。そして、そのことに、またけしからんと、腹をたてていたりする。

どうも、けしからんと言ってはいるが、それは自分の持っている価値観が、侵害されることに怒っているらしい。自分には直接に関係のないところで、他人の気持ちになりかわったつもりで、しかもその他人の気持ちなどわからずに、自分の価値観のもとで、けしからんと怒っている、それでは、おせっかいと言われても仕方がない。

それで中三ぐらいからのぼくは、自分との直接の関係でしか、あまり腹をたてないようになってしまった。他人のためには腹をたてない、これはまあ今でいうと、無関心派になったのかもしれない。そのせいか、今でもぼくは、無関心とかシラケとかいうのに、ひどく同情がある。

しかし一方で、そのことは、人はそれぞれの価値観で判断しているということに、思いいたったことでもある。生来ヤジウマのぼくは、他人が自分と違った価値観を持ち、違った判断をするということに、ひどく興味を持つようになった。その意味では、無関心というより、人間について、さまざまの考えの人間がいるということについて、関心を持ちだしたとも言える。そして、世のなかのさまざまのことにしても、そうした関係でなりたっていて、自分もまた、それにかかわっている。考えてみれば、腹なんかたてず、けしからんなどと思わないから、世間に関心が持てたりかかわったりできる。そうした調子になったようだ。

「無関心派」というのが、こうしたヤジウマ性の抑圧から作られているとすれば、それはむしろ、自己の世界を閉ざすことになろう。それでは、自己の価値観ですべてをはかって、けしからんと腹をたてるのと、それがだめなときは、自己の価値観の世界に閉じこもって、外との接触を絶つのと、同じようなものだ。これはつまらない。

今でも、ぼくのこの性向は変わっていない。ケシカランと腹をたてるなんてオセッカイだ。でもいろんなことにヤジウマとしての関心はある。

（80・3・9）

暴力に正義はいらない

このごろテレビでは、刑事ものに人気があるらしい。ぼくも、ときどき見ることがある。ところがどうも、とくに日本の刑事ものでは、刑事が暴力をふるうのが、気にくわない。たかがテレビのなかでの暴力、とは思う。しかし、暴力団が暴力をふるうほうは、これは名が体をあらわしているだけのことだが、刑事のほうが暴力的なところが、いやな感じだ。

もしも、正義のためなら暴力もやむをえない、というのだと困る。ぼくの中学生のころは、今よりもずっと暴力的な時代だった。なにしろ、戦争という大暴力が行なわれていた時代だ。そうした時代に育ったために、暴力がこわいとは思うけれど、ある程度は暴力に慣れているようなところもある。

しかし、そうした時代を経験した人間として証言できることは、暴力がいちばん恐ろしいのは、それが正義の名のもとに行なわれるときだ、ということである。それにくらべれば、悪人の暴力なんて、たいしたことはない、といえるほどだ。歴史の上でも、人間がいちばん暴力的になるのは、正義を背にしたときである。正当化される理由があるほど、暴力には歯どめがなくなる。

それでぼくは、ヤクザ映画の暴力場面だと、わりと楽しんで見るほうである。しかし、正義の側が暴力的で、その暴力が正義のためであったと免罪されるのには、どうにもがまんできない。その点、アメリカの刑事ものでは、暴力刑事は悪徳警官であることが多いので、少し安心できる。もっとも、日本のテレビには、そもそも悪徳警官ものがめったにない。

べつに、刑事に恨みがあるわけではない。大義名分のないほうがいくぶん暴力的になるのは、わりと自然なことで、それだって好ましいとは思わないが、まあ仕方がない。ところが、正義の側が暴力的になったのでは、これは二重のような気がする。どんな場面にせよ、正義に関して分が悪くなったのを、回復するために使うのが、暴力というものだろう。それに、そうした暴力には、大義名分のないだけ、ブレーキがかかりやすい。

現在は、たしかに昔にくらべれば、暴力が容認されていない時代だ。昔は、ぼくのような弱虫すら、けんかで血を流して帰ったものだ。しかし、そうして抑圧された暴力が正義のカサのもとに身をよせようとするのが、テレビの暴力刑事ものだとすると、それはとても恐ろしいことにつながっている、といった気がする。

人間がときに暴力的になるということは、ぼくのような弱虫にはしごく迷惑なことだが、それが現実であると思って辛抱もできる。しかしせめて、その暴力が正義の名のもとに行なわれるのだけは、ごめんこうむりたい。せめて、暴力を使うのは、大義名分のないときだけにしてほしいのだ。

（79・12・30）

自分を大事に

このごろ、若者の言うことを聞いていると、国とか学校とか、自分の属している集団に身を捧げることの強調を、耳にすることがある。ぼくなどの世代だと、戦後のこの三十五年間はなにであったのかと、空しい気になってしまう。

ぼくのこどものころは、自分よりも国家が大事とされた時代だった。そうしたなかで、自分を育て、自分を守るということは、相当な抵抗を覚悟しなければならないことだった。ぼくなんか、非国民と言われて、ずいぶんといじめられたものだ。

もちろん、人間というものは、ひとりでは生きられないし、集団とのかかわりを持っている。自分が生きていくということは、その集団とのかかわりを育てていくことでもある。集団とのかかわりというのは、自分が生きていくことでもあろう。

しかし、すぐに、集団のほうに生きがいを見つけてしまうのは、少し単純すぎやしないだろうか。やはり基本は、自分自身を育て、自分自身を大事にしていくことであって、そのなかで、そうした集団というものが自分にとって意味を持ってくるのだ。

この場合に、自分が先か、集団が先か、といった議論のたて方はよくない。しかし、かりにそうした議論をたてなければならないとしたら、なにより自分を先にすべきだろう。集団のために自分を犠牲にするというのは、どうもぼくの好みではないが、かりにそうした場面になったとしても、そうすることが自分の生き方を満足させるからで、自分のために自分を犠牲にしたのだ。

少なくともぼくは、若いきみたちが、きみたちの自分自身が確立していないうちに、集団への献身を簡単に選択することに反対だ。献身といった形で自分を規定してしまうには、あまりにも早すぎる。ときには、自分を確立するよりは、単純になにものかに献身することを選択するほうが、ずっと安易なことだってあるのだ。

かりに、なにものかに身を捧げるにしても、それは自己が確立して、自分の責任でそれを選択できるようになってからでよい。ぼくの世代の多くの若者たちは、自己が確立できる前に、自分で責任がとれる前に、国に身を捧げる選択をさせられたものだ。

なによりも、自分自身を大事にして、自分自身を育てることを、考えてほしい。これはなにも、集団を大事にすることを、否定しているのではない。ほんとうに自分自身を大事にすることで、自分のかかわっている集団が意味を持ってきて、そうした集団の大事さがわかってくるものだ。自分を大事にできないものは、そうした集団を大事にすることだって、ほんとうにはできないものだ。

そして、自分を大事にするというのは、けっこう人生の大事業なのだ。

（80・7・27）

ムダの効用

昔は、なにをするにしても、今よりもっと、ムダが多かったように思う。

たとえば旅行をするにしても、汽車はのろくて、なかなか目的地につかない。仕方がないので、乗り合わせたオッサンと、ムダばなしをするしかない。

またたとえば、買い物に行くにしても、値段がそもそもきまっていない。いきおい、オバハンとのよもやま話から始まって、値段の交渉の機会を待つことになる。

今では、新幹線などで、早く目的地にはつけるものの、ただ運ばれているだけで、隣の人に話しかけるのは悪いみたい。買い物はスーパーで、最後のレジだけ、もっと進むと自動販売機でボタンを押すだけになってしまう。

たしかに、移動という目的や、金と品物を交換するという目的にとっては、ムダがなくなった。他人とムダばなしをする必要もない。

しかしぼくは、目的を達成するために、とかくヤヤコシク、他人とつきあわねばならない社会のほうが、よかったような気がしている。ムダがなくなって空しい、なんて少し古いのかな。

なにかの目的があるにしても、その目的だけに一直線でムダがなくなると、そこで得られるものは、その目的が達成されたということだけで、つまらない。遠足へ行くのに、まわりの景色も、花も虫も目に入れず、ひたすら目的地を目ざし、目的地へついたらくたびれるだけ、といった感じである。ぼくは、どちらかというと、ブラブラと道草を楽しみながら歩いていくと、気がついてみたら目的地についていた、といったのが好きだ。

それで、旅行だって、オッサンとおしゃべりするために汽車にのって、ついでに移動してしまう、ぐらいの感じがよいと思う。買い物なら、オバハンとおしゃべりするために店に行って、ついでに買い物をしてしまう、なんてのも悪くない。もっと大げさには、人生だって、その道程を楽しんでいるうちに、一生かけてなにかをする、というのがよいと思うんだ。

勉強だって、あせってやるより、十分なムダを伴って、気楽にやったほうが、結局はうまくいくように思う。

人間というものは、ムダが身につくもので、ムダなくやったことは、しばらくすると、ムダなく消えてしまう。ぼくなんか、いちおうは長い間、数学の勉強をしてきたが、結局は自分の身についたのは、ムダの部分だけだったような気がしないでもない。早くおぼえたことは早く忘れたし、早くわかったことは、わかり方のおくが浅かった。それで、このごろでは、なるべくゆっくりとものをおぼえ、なるべくゆっくりとものを理解しようと、ヘンな努力をしている。

一見は、目的を達成するためには、できるだけムダをなくして、その目的だけを早くやったほうがよさそうだが、結局はゆっくりと、ムダを伴いながら、結果的に目的が達成されたことになるほうが、その目的にとっても、うまい到達をするように思う。

それに、ムダを楽しんでいたら、あまり疲れないですむ。ムダがないほうが、かえって疲れたりあせったりして、結果だってよくない。

学校へ遊びに行って、ついでに勉強をしてしまう。もっともこれは、すでにきみたちも実行しているかもしれない。

（80・12・14）

自分にとっての秘密

きょうは衆参両院選の同日投票日で、おとなたちは、選挙に熱中している。きみたちにも、生徒会の選挙などがあるかもしれない。

それは、秘密選挙ということになっている。この秘密というのを、ぼくは、だれに投票したかを秘密にしてもよい、というのではなしに、秘密にしなければならない、という意味に考えている。

それは、親子でも夫婦でも、きみたちの場合でならどんな親友にでも言ってはならないのだ。もしも、みんなが公然と、だれに投票したかを語りあい、かくしておくのが悪いような空気になったりしては、秘密選挙ということにならない。

日本では、とかく、秘密を持っているのが悪いことのように考えられる。そうではなくて、秘密というのは、とても大事なことだ。

それも、他人と約束した秘密以上に、自分自身の心のなかだけで、死ぬまで抱えていく秘密というのが、いちばん大事なのだ。

じつは、それはなかなか大変なことである。他人にうちあけて、秘密を共有したほうが、心が安まる。自分だけでしまっておくというのは、心の重荷になりがちである。でも、自分ひとりの心にだけ、しまっておくべきことが、人生にはあるものだ。それを秘密にできる、心の強さを持たねばならない。

そうした場合に、他人をいつわらねばならぬことだって、あるかもしれない。しかし、正直ということは、なによりも自分の心にたいして正直であることが大事であって、自分をいつわることと、他人をいつわることと、その二つが衝突したら、自分にたいして正直であることを選ぶしかない。

それに、いつでも正直であるというのは、あまりに安易すぎる。状況によっては、嘘をついたほうが正しいことだってある。ただし、その状況をどう判断するかは、すべて自分の責任にかかわる。中学から高校の時代というのは、自分が作られていく時期だと思う。それで、この時代こそ、なにより自分を大事にすることを、学んでほしいと思う。

本当に自分を大事にするというのは、そう簡単にできるものではない。自分に正直であり続けるよりは、他人に正直であろうとするほうが楽なことだってある。自分ひとりの秘密を持ち続けるなんてのは、とても気骨の折れることだ。

それで、さしあたり、生徒会選挙のときぐらい、だれに投票するかは、絶対にだれにも言うのをよそう。もしも、しつこくたずねる友人がいて、ことわりきれないようなら、嘘を言ってもかまわない。

道徳というと、他人との関係ばかりを言いすぎるが、なによりも大事なのは、自分の心にたいする道徳だ、とぼくは考えている。

なにより、自分を大事にせねばならない。

（80・6・22）

雑木山に生きること

秋、雑木山が色づいている。

雑木山というのは、人間と自然との交わるところ。鳥は山からやって来るし、人は里から入りこむ。花が咲き、チョウが舞い、秋には木の実が色づく。

そこでは、ウルシにかぶれたり、イバラにさされたりするかもしれない。道は曲がりくねり、マムシなどもいるかもしれない。道を曲がるたびに、新しいおどろきと、そして危険とがある。それでもそこで、人は自然との交遊を楽しむことができる。

しかしながら、だんだんと杉山がふえてきた。そこでは、人間の論理だけが貫徹している。

整然と植えられた杉たち、道は見通しがよい。何年かたつと、その杉はきりだされ、人間に確実な利益をもたらすかもしれない。未来が計算され、現在が管理されている。

しかし、そのかわり、そこにはチョウも花もない。さまざまの木の彩りのかわりに、とがった杉の落ち葉だけがある。あまり遊びに行くところではない。

ぼくは、人間の住むのは、やはり雑木山がよい、と思っている。とくに、学校というところは、雑木山のようであってほしい、と考えている。

人間が、これだけ多くの顔を持ち、これだけ多くの心を持つからには、それがさまざまの彩りで交わりあってこそ、楽しいではないか。少々の危険があっても、管理された杉山であるよりは、雑木山の豊かさがほしい。未来への計画のために、人間の論理で管理しつくされたのでは、少しも楽しくない。

人間の社会というものは、みんなが同じ心で、同じ姿になってしまっては、空しいものだ。なにかの目的にとっては、足をひっぱるものがなくて、効率がよさそうに思えるが、そうした単純化された集団は、もろさを持っている。一見は、その集団の目的からはずれたような人間も含めて、全体としてからまりあって一つの世界を作る。いわば雑木山のような集団のほうが、その豊かさのゆえに、結局は集団としても健全になる。

いまの学校は、だんだんと杉山に近づいている。そのことを、ぼくは憂慮しているが、せめてきみたち自身が、だれもが杉の木になるのだけは避けてほしい。カシの木のような人間も、フジの木のような人間も、あってよいのだ。それらが交わりあって世界を作ればよいのであって、山の持ち主（「国家」かしら？）のために木が生えているわけではない。そして、本当は、そのほうが山は豊かになる。

自分と違った姿を持ち、自分と違った考えを持つ他人、それらが交わりあって豊かな世界を作るところが、学校のはずである。なるべくなら、自分と同じようでない他人が、いろいろとまざりあっているほうが、その世界は豊かになる。

未来の計画のほうばかり考えていると、こうした世界の豊かさが見えにくくなるものだが、結局は人間にとって、豊かな世界のなかで豊かな人生を送ることが、幸福というものだと思う。

とくに青春、チョウや花の季節ではないか。

（80・11・9）

解説

野矢茂樹

読み始めるといきなり、「努力というものの効果を期待しないからこそ、こんな本を書いておるのだ」（14ページ）とある。いかにも森毅さんらしい台詞だが、それにしても、なんて危ないことを言うのだろう。この言葉の文字面だけ受けとめて、しかも真に受けて「努力やーめた」なんて考える人が出てこないともかぎらない。とくに純真でおっちょこちょいの若者にはその危険性がある。いったい、この一言はどういう意味なのか、それは本書をちゃんと熟読玩味して、その上で得心しなければならない。

というわけで、私が解説を書かせてもらうことになったが、私の専門は哲学である。しかし、哲学的観点から本書を解説するなどという芸当は私にはできない。ただ、この名著をけがさぬよう、多少のおまけを書いてみたい。そのさい、私は森さんが本書で言われていることを、自分自身に引きつけて、私自身のささやかな体験とともに、書いてみたいと思う。

そうだなあ、読者を退屈させてもいけないが、しばらくのおつきあいを願って、高校受験のあたりから書かせてもらおう。私は中学三年のときにかなり一所懸命受験勉強をして高校に入った。その反動なのだろう、高校に入ったらまったく勉強しなくなってしまった。なるほど留年はしなかったから完璧にまったくではなかったかもしれないが、10段階の2などという成績（もちろん10が一番よい）を平然ととり、試験ではかなり最後尾の順位だった。かろうじて得意と言える、あるいは好きだった科目は現代国語（現代文）と数学。だから、文系とも理系ともつかぬコウモリ学生だった。でも、どちらかと言えば、自分は文系だろうと思っていた。それが高校二年の冬に、何を思ったか理系で受験することに決めた。そしてそのときから一年間、猛然と受験勉強をした。いったい私に何が起こったのか。いや、とくに何が起こったというのではなかった。ただ、受験勉強しようと決めて、やり始めたら、ビリに近かった成績がどんどん上がっていったから楽しくてそのまま勉強を続けていたのだった。とはいえ、上がったのはあくまでも模擬試験の成績で、授業の成績は以前ほどではないにせよ、相変わらずちょぼちょぼだった。

もし本書がこの頃すでに出版されていて、高校生の私が読んでいたならば、どうだったろう。こんなことが書いてある。「テストの前の勉強は、留年の危険がないかぎり、絶対にするな。数学に関する限り、試験前に勉強して実力がつくことは、ほとんどない。」（82ページ）高校生の私は「おお！」と声をあげたかもしれない。森先生は試験前に勉強するなと書いている。正しかったのだ。ぼくのやり方は正しかったのだ。そして「試験前に勉強しても実力はつかない」という言葉から「試験前に勉強しなければ実力がつく」を導いて（前件否定の虚偽）、おかしい、こんなはずではないのに、と首を傾げていたかもしれない。

ともあれ、受験勉強だけはもりもりやって、おめでたく東京大学理科Ⅰ類に入学した私は、またもや、勉強というものをぱったりとしなくなってしまった。墜落寸前の低空飛行を続け、基礎科学科というところに進学したはよいけれど、興味も気力も湧かず、恋愛もスポーツも旅行も読書も、なんだそれという感じで、なんだかただうずくまっているばかりといった大学生活を送り、行き先を見失って四年のときに留年し、自分でも何がどうなるのか分からないまま、そこはかとない嗅覚に導かれて教養学科の科学史・科学哲学分科というところに学士入学した。つまり、試験を受けて三年に編入した。そこで、大森荘蔵という哲学者に出会い、哲学の世界に入り込んでいった。

それから私は（また例のパターンだ）、猛然と哲学したのである。

基礎科学科のときには数学寄りのコースをとっていたこともあり、科学史・科学哲学の大学院を受験するときには、高校の数学の教員採用試験も同時に受けた。だから、もし哲学者になっていなかったら、私はいまごろ高校の数学の先生をしていたはずだ。実際、数学を教えるのは好きで、大学生・大学院生のときには家庭教師で高校生に数学を教えたりもしていた。しかし、もし森さんが私の教え方を見たら、きっと「そんなんじゃ数学の力なんかつかんよ」と一刀両断にしたにちがいない。私が自分の生徒に強調したのは、「頭を使うな手を使え」であった。数学の問題は、問題文の中に示されている情報を的確に取り出し、それを組み合わせて、要求されている結果を出す、それに尽きる。その意味で、答えは問題文の中に埋まっている。だから、問題文を見て考えこんでいてもだめで、そこに埋め込まれている情報を掘り出して整理していけば、自ずと解答への道筋は見えてくる。考えこむ前にやることがたくさんある。それで私は「考えるんじゃない！」などと乱暴なことも言ったりした。

試験では、考えこまなくちゃいけない問題は後回しにして、すぐに手が動かせる問題をきっちり解答する。まったく手をつけない問題があってもかまわない。例えば、微積分の問題なんかには、閃きを要求しない、いわば「事務的な」問題もたくさんある。そういうのでしっかり点をとっておくこと。実際、このやり方は功を奏して私の生徒の数学の点数は伸びたのである。数学が不得意だったある生徒などはあるとき「数学科をめざそうかな」などと口走ったので、私はあわてて制止した。私がやっていたのは、数学が不得意な学生が見劣りのしない点数をとるための方法であり、数学科で要求されるような創造的な力ではなかったからである。

私は、私が教えたような学生に対しては、森流より野矢流が正しいと信ずる。だが、それはつまり、森先生が見すえているのはそういう話ではないということなのだ。彼は「高校数学」と「受験数学」と「大学数学」を区別する。そしてまず、高校数学と受験数学はまったく別物だと喝破するのである。これは、「目から鱗」だったなあ。もちろん例によってこれも「取扱注意」で、言葉だけを真に受けて鵜呑みにしたり、あるいは「森さんの言うことはデキル学生がムツカシイ大学を受ける場合にしか当たらない」などとケチをつけるのではなく、森毅の語る真実を聴きとらねばならない。

森さんの考える数学の入試問題は、やったことのない問題を受験生にぶつけてなんとかさせるというものである。それに対して高校の学期末試験などは、授業で教えた解き方が身についているかどうかをテストするもので、だから、授業でやった問題を多少アレンジしたもの、あるいは授業でやった問題そのものが試験に出る。実情としては、多くの入試問題は高校の学期末試験の延長上にあるだろう。しかし、森さんの考える数学の入試問題はそれとはまったく違う。学期末試験であれば、自分でやったことがあるタイプの問題には解答できて、やったことがない問題に対してはただ不勉強のほぞを嚙むばかりとなる。だからこそ、たくさん問題をやらなくちゃいけない。しかし、やったことがあるタイプの問題しかできなくてやったことがないタイプの問題にはお手上げというのでは、森さんの考える数学の入試問題に対しては手を上げっぱなしということになる。問題用紙を開くと、そこには見たことのない問題が並んでいる。分からない。その「分からない」をどのくらい試験場で「分かった」に変えられるか。その勝負。森さんはこれを「鉄火場」(19ページ)と表現している。

教師は(高校教師だけでなく予備校教師もまた)、分からない学生に分かってもらおうと努力する。そしてどれだけ分かってくれたかをテストする。だが、森さんの考える数学の入試問題は、その受験生がどれほど「分からない」を「分かった」に変えられるか、その力をテストするのである。あるいは、完全には分かりきらないのがふつうのことであるから、その分かりきらないところをなんとかヤリクリして筋道を見つけていく、その力をテストする。

ここにおいて、森さんは受験数学を高校数学とはまったく異質な、むしろ大学数学に通じるものとして、描き出している。いや、大学数学というよりは数学者の数学に通じるものとして、と言った方がよいかもしれない。数学者はつねに「分からない」に直面している。やったことがあるものは分かるがやったことがないものにはお手上げなんていうのでは、研究なんかできはしない。そこで、「分からない」なかで手探りし、なんとかヤリクリして、それを「分かった」に変えていく力、それが求められる。ほら、受験数学と同じではないか。

ここから、まるでボクサーのパンチのように激烈な言葉が立て続けに繰り出される。「「解き方」を知っていて解く、なんて癖は、受験本番にはむしろ有害だ。」（60ページ）「量にたよるというのは、「勤勉」という名の知的怠惰にすぎない。」（71ページ）そして最初に引用したように、「テストの前の勉強は、留年の危険がないかぎり、絶対にするな。数学に関する限り、試験前に勉強して実力がつくことは、ほとんどない。」（82ページ）こんなことも言う。「授業がわかって、先生から優等生と思われたところで、べつにどうということない。大阪弁なら、ソレデナンボノモンヤ、というところ。」（87ページ）ではどうするか。「数学の問題を考えるとき、時間のことを気にしてはいけない。問題を考えだしたら、トコトン時間をかけること。何日かかってもかまわない。」（82ページ）つまり、たんに「勉強する」のではなくて、ときには数学者のように数学してみよ、と言うのである。数学者は「頭のなかでモヤモヤを飼っておかねばならない」（174ページ）、と森さんは言う。これは哲学者もまったく同じである。つねに頭の中に「分からない」がある。それを「分かった」に変えるようにアンテナを張り、思考の緊張を保っている。「頭のなかでモヤモヤを飼う」というのは、実に、感じの出た言葉だと思う。モヤモヤを飼い、モヤモヤと遊び、モヤモヤを楽しむのである。そして森さんの考える数学の入試問題は、そうしたモヤモヤの中で一歩でも前に進む力をもっているかどうかをテストするものにほかならない。

もし、数学の問題が、公式を適用して答えを出すことができるかどうかをテストするだけのものだったら、まともな生徒であれば「こんなことやって何になるんだろう」と疑問をもつだろう。だが、「分からない」を「分かった」に変える力が鍛えられるのであれば――モヤモヤの中で、モヤモヤを楽しみつつ、手探りで前に進んでいく力が鍛えられるのであれば——、数学はすばらしい知的トレーニングになる。そう考えれば、これはたんなる入試対策ではないと言うべきだろう。（率直に言わせてもらえば、本書は多くの学生諸君にとっては入試対策にはなっていない、と私は思う。）むしろ、人生への対策が示されているのである。人生には分からないことがいっぱいある。自分の限られた理解、限られた知識、限られた能力で、そのモヤモヤの中を進んでいかなくてはいけない。高校生たちは、どんな公式を覚えるよりも、その「人生力」を鍛えなければいけない。森さんも、こう言っている。「受験技術だって、人生修業なのだ。」（33ページ）『数学受験術指南』と題された本書は、実は、「人生術指南」の書なのである。まさにその意味で、私は時をさかのぼって高校生だった私にこの本を贈りたくなる。いいかい、この本には人生を乗り切る上でものすごくだいじなことが、書いてあるんだ。

（東京大学大学院教授）

『数学受験術指南』一九八一年　中央公論社刊

本文デザイン　山田信也（Studio Pot）

中公文庫

数学《すうがく》受験術《じゅけんじゅつ》指南《しなん》
——一生《いっしょう》を通《つう》じて役《やく》に立《た》つ勉強法《べんきょうほう》

2012年9月25日　初版発行
2023年12月30日　3刷発行

著　者　森《もり》　　毅《つよし》

発行者　安部順一

発行所　中央公論新社
〒100-8152　東京都千代田区大手町1-7-1
電話　販売　03-5299-1730　編集　03-5299-1890
URL https://www.chuko.co.jp/
ＤＴＰ　山田信也（Studio Pot）
印　刷　三晃印刷
製　本　小泉製本

Published by CHUOKORON-SHINSHA, INC.
Printed in Japan　ISBN978-4-12-205689-3 C1141

中公文庫既刊より

各書目の下段の数字はISBNコードです。978－4－12が省略してあります。

も-32-2
数学の世界
森　毅
竹内　啓
教育者でもある数学者と、数学の社会的役割に注目する統計学者による対談から、人間の文化を豊かにする数学の多面的な魅力が浮かび上がる。〈解説〉読書猿
207201-5

と-38-1
文化としての数学
遠山　啓
人類と数の出会いからの歴史や初等教育での数の抽象化の難しさなどを平明に説き、人の営みと数学の関わりを語る格好の数学入門。〈巻末エッセイ〉吉本隆明
207113-1

と-38-2
数学と人間
遠山　啓
数学おそるるにたらずと唱える著者による数学入門。『数学は変貌する』に「数学と人間」ほか二篇を増補し改題。大岡信の弔詩、森毅「異説遠山啓伝」を収録。
207284-8

の-18-1
まるさんかく論理学　数学的センスをみがく
野崎　昭弘
「珍しい数」ってなに？　どうして鏡は上下逆さまにならないの？　日常の謎やパズルの先に広がる豊かな〝論理〟の世界へいざなう、数学的思考を養える一冊。
207081-3

や-73-1
暮しの数学
矢野健太郎
絵や音楽にひそむ幾何や算数など、暮しのなかに出てくる十二の数学のおはなし。おもしろく読めて役に立つ、論理的思考のレッスン。〈解説〉森田真生
206877-3

や-73-2
数の生い立ち・図形のふしぎ
矢野健太郎
この一冊で算数の苦手意識を払拭し、数学が好きになる。数と図形の面白さに出会う本。基礎教育から大人の学び直しまで、幅広い興味に応える名解説。
207435-4

あ-70-1
若き芸術家たちへ　ねがいは「普通」
佐藤　忠良
安野　光雅
世界的な彫刻家と画家による、気の置けない、しかし確かなものに裏付けられた対談。自然をしっかりと、自分の目で見るとはどういうことなのだろうか。
205440-0

の-12-3
心と他者
野矢 茂樹
他者がいなければ心はない。哲学の最難関「心」にどのように挑むか。文庫化にあたり大森荘蔵が遺した書き込みとメモを収録した。挑戦的で挑発的な書。
205725-8

の-12-4
ここにないもの 新哲学対話
野矢茂樹 文
植田 真 絵
いろんなことを考えてはお喋りしあっているエプシロンとミュー。二人の会話に哲学の原風景が見える。川上弘美「『ここにないもの』に寄せて」を冠した決定版。
205943-6

た-77-1
シュレディンガーの哲学する猫
竹内 薫
竹内さなみ
サルトル、ウィトゲンシュタイン、ハイデガー、小林秀雄――古今東西の哲人たちの核心を紹介。時空を旅する猫とでかける、「究極の知」への冒険ファンタジー。
205076-1

さ-48-1
プチ哲学
佐藤 雅彦
ちょっとだけ深く考えてみる――それがプチ哲学。書き下ろし「プチ哲学的日々」を加えた決定版。考えることは楽しいと思える、題名も形も小さな一冊。
204344-2

さ-48-2
毎月新聞
佐藤 雅彦
毎日新聞紙上で月に一度掲載された日本一小さな全国紙、その名も「毎月新聞」。その月々に感じたことを独特のまなざしと分析で記した、佐藤雅彦的世の中考察。
205196-6

と-12-3
日本語の論理
外山滋比古
非論理的といわれている日本語の構造を、多くの素材を駆使して例証し、欧米の言語と比較しながら、日本人と日本人のものの考え方、文化像に説き及ぶ。
201469-5

と-12-8
ことばの教養
外山滋比古
日本人にとっても複雑になった日本語。時代や社会、人間関係によって変化する、話し・書き・聞き・読む言語生活を通してことばと暮しを考える好エッセイ。
205064-8

と-12-11
自分の頭で考える
外山滋比古
過去の前例が通用しない時代、知識偏重はむしろマイナス。必要なのは、強くてしなやかな本物の思考力です。人生が豊かになるヒントが詰まったエッセイ。
205758-6

各書目の下段の数字はISBNコードです。978－4－12が省略してあります。

や-19-15
茶の間の正義 山本夏彦
世間で正義とされているもの、それはうさんくさい「茶の間の正義」であり、下等な嫉妬心の産物である。軽妙にして気骨隆々の初期作品集。〈解説〉山崎陽子
204248-3

や-19-19
無想庵物語 山本夏彦
忘れられた作家・武林無想庵の生涯を、若き日にパリで生活を共にした著者が哀惜深く描きだす傑作評伝。第四十一回読売文学賞受賞。〈解説〉finalvent
207265-7

し-20-5
漢字百話 白川静
甲骨・金文に精通する著者が、漢字の造字法を読み解き、隠された意味を明らかにする。現代表記には失われた、漢字本来の姿が見事に著された好著。
204096-0

し-20-6
初期万葉論 白川静
それまでの通説を一新した、碩学の独創的万葉論。人麻呂の挽歌を中心に古代日本人のものの見方、神への祈りが、鮮やかに立ち現れる。待望の文庫化。
204095-3

し-20-7
後期万葉論 白川静
『初期万葉論』に続く、中国古代文学の碩学の独創的万葉論。人麻呂以降の万葉歌の諸相と精神の軌跡を描き、文学の動的な展開を浮かび上がらせる。
204129-5

し-20-9
孔子伝 白川静
今も世界中で生き続ける「論語」を残した哲人、孔子。挫折と漂泊のその生涯を、史実と後世の恣意的粉飾とを峻別し、愛情あふれる筆致で描く。
204160-8

し-20-10
中国の神話 白川静
従来ほとんど知られなかった中国の神話・伝説を、豊富な学識と資料で発掘し、その成立＝消失過程を体系的に論ずる。日本神話理解のためにも必読。
204159-2

よ-46-1
高度成長 日本を変えた六〇〇〇日 吉川洋
経済の成長とは何なのだろうか。著者自身の実体験を紹介しながら、一九五〇年代中頃から日本が経験した高度成長の歴史をふり返り、その本質に迫る。
205633-6

お-10-3
光る源氏の物語（上）
大野　晋
丸谷才一
当代随一の国語学者と小説家が、全巻を縦横無尽に読み解き丁々発止と意見を闘わせた、斬新で画期的な『源氏論』。読者を難解な大古典から恋愛小説の世界へ。
202123-5

お-10-4
光る源氏の物語（下）
大野　晋
丸谷才一
『源氏』は何故に世界に誇りうる傑作たり得たのか。詳細な文体分析により紫式部の深い能力を論証する。『源氏』解釈の最高の指南書。〈解説〉瀬戸内寂聴
202133-4

お-10-8
日本語で一番大事なもの
大野　晋
丸谷才一
国語学者と小説家の双璧が文学史上の名作を俎上に載せ、それぞれの専門から徹底的に語り尽くす知的興奮に満ちた対談集。〈解説〉大岡信／金田一秀穂
206334-1

ま-17-9
文章読本
丸谷才一
当代の最適任者が多彩な名文を実例に引きながら文章の本質を明かし、作文のコツを具体的に説く。最も正統的で実際的な文章読本。〈解説〉大野　晋
202466-3

ま-17-11
二十世紀を読む
丸谷才一
山崎正和
昭和史と日蓮主義から『ライフ』の女性写真家まで、皇女から匪賊まで、人類史上全く例外的な百年を、大知識人二人が語り合う。〈解説〉鹿島　茂
203552-2

ま-17-12
日本史を読む
丸谷才一
山崎正和
37冊の本を起点に、古代から近代までの流れを語り合う。想像力を駆使して大胆な仮説をたてる、談論風発、実に面白い刺戟的な日本および日本人論。
203771-7

ま-17-13
食通知ったかぶり
丸谷才一
美味を訪ねて東奔西走、和漢洋の食を通して博識が舌上に転がすは香気充庖の文明批評。序文に夷齋學人・石川淳、巻末に著者がかつての健啖ぶりを回想。
205284-0

ま-17-14
文学ときどき酒　丸谷才一対談集
丸谷才一
吉田健一、石川淳、里見弴、円地文子、大岡信ら一流の作家・評論家たちと丸谷才一が杯を片手に語り合う。最上の話し言葉に酔う文学の宴。〈解説〉菅野昭正
205500-1

各書目の下段の数字はISBNコードです。978－4－12が省略してあります。

た-30-28
文章読本
谷崎潤一郎
正しく文学作品を鑑賞し、美しい文章を書こうと願うすべての人の必読書。文章入門としてだけでなく文豪の豊かな経験談でもある。〈解説〉吉行淳之介
202535-6

み-39-1
哲学ノート
三木清
伝統とは？　知性とは？　天才とは何者か？　指導者はどうあるべきか？　戦時下、ヒューマニズムを追求した孤高の哲学者の叫びが甦る。〈解説〉長山靖生
205309-0

フ-10-1
ヨーロッパ諸学の危機と超越論的現象学
E・フッサール
細谷恒夫
木田元 訳
著者がその最晩年、ナチス非合理主義の嵐が吹きすさぶなか、近代ヨーロッパ文化形成の歴史全体への批判として秘かに書き継いだ現象学的哲学の総決算。
202339-0

モ-5-4
ローマの歴史
I・モンタネッリ
藤沢道郎 訳
古代ローマの起源から終焉までを、キケロ、カエサル、ネロら多彩な人物像が人間臭い魅力を発揮するドラマとして描き切った、無類に面白い歴史読物。
202601-8

モ-5-5
ルネサンスの歴史(上) 黄金世紀のイタリア
I・モンタネッリ
R・ジェルヴァーゾ
藤沢道郎 訳
古典の復活はルネサンスの一側面にすぎない。天才たちが活躍する社会的要因に注目し、史上最も華やかな時代を彩った人間群像を活写。〈解説〉澤井繁男
206282-5

モ-5-6
ルネサンスの歴史(下) 反宗教改革のイタリア
I・モンタネッリ
R・ジェルヴァーゾ
藤沢道郎 訳
政治・経済・文化に撩乱と咲き誇ったイタリアは、宗教改革と反宗教改革を分水嶺としてヨーロッパ史の主役から舞台装置へと転落する。〈解説〉澤井繁男
206283-2

シ-1-2
ボートの三人男
J・K・ジェローム
丸谷才一 訳
テムズ河をボートで漕ぎだした三人の紳士と犬の愉快で滑稽、皮肉で珍妙な物語。イギリス独特の深い味わいの傑作ユーモア小説。〈解説〉井上ひさし
205301-4

ホ-3-2
ポー名作集
E・A・ポー
丸谷才一 訳
理性と夢幻、不安と狂気が綾なす美の世界——短篇の名手ポーの代表的傑作「モルグ街の殺人」「黄金虫」「黒猫」「アシャー館の崩壊」全八篇を格調高い丸谷訳でおさめる。
205347-2